应用型人才培养精品教材

主　编◎李向伟　张　平

副主编◎孙昌会　黄　硕

参　编◎耿晓雷　贺欢欢　来卫航

WPS Office 案例教程

电子工业出版社·

Publishing House of Electronics Industry

北京·**BEIJING**

内 容 简 介

本书的编写从办公软件在工作和学习中的实际应用出发，在课程结构、教学内容、课程思政和教学方法等方面进行了新的探索与改革创新，使读者能够更好地掌握本课程的内容，以及提高读者对课程的兴趣，增强学习动力，提升实际操作技能。

本书以 Windows 10+WPS Office 为平台，分为 WPS 文字篇、WPS 表格篇、WPS 演示篇 3 部分，以图文并茂的形式深入浅出地指导读者学习和掌握 WPS Office 的主要功能，并提供一些实用的案例供读者练习。

本书既可以作为职业院校、普通高等院校各专业的办公软件应用相关课程教材，也可以作为广大在职人员自学、培训、提高业务素质及掌握办公软件技能的辅助用书。

图书在版编目（CIP）数据

WPS Office 案例教程 / 李向伟，张平主编.

北京 ： 电子工业出版社，2024. 11. -- ISBN 978-7-121-49290-7

Ⅰ．TP317.1

中国国家版本馆 CIP 数据核字第 2024VF2990 号

责任编辑：李英杰

印　　刷：三河市华成印务有限公司

装　　订：三河市华成印务有限公司

出版发行：电子工业出版社

北京市海淀区万寿路 173 信箱　邮编 100036

开　　本：880×1230　1/16　印张：16.5　字数：342 千字

版　　次：2024 年 11 月第 1 版

印　　次：2024 年 11 月第 1 次印刷

定　　价：49.80 元

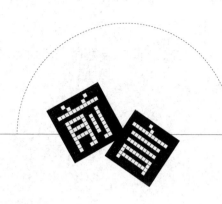

前言

党的二十大报告中强调了教育、科技和人才的重要性，深入实施人才强国战略，需要加强职业教育和技能培训，以促进高质量人才队伍建设。

办公自动化应用能力是职业技能人才必备的一项基本能力。WPS Office 作为一款国产办公自动化软件，在现实生活和工作中的应用越来越广泛。本书以 Windows 10+WPS Office 为平台，从读者对办公软件应用的实际需求出发，将 WPS Office 办公软件的理论知识、操作方法、应用技巧等融入实际工作任务，让读者通过完成任务的过程来掌握 WPS Office 的基本使用方法，从而提高读者应用办公软件处理日常事务的能力。

本书采用项目引领、任务驱动的方法进行编写，书中的任务均来自实际工作和生活，以实际工作中的应用场景为出发点，通过完成任务的过程来深入浅出地讲解 WPS Office 的各项功能。全书分为 3 部分，分别是 WPS 文字篇、WPS 表格篇、WPS 演示篇。这 3 部分都包含若干章，每部分中除该部分最后的综合实训章以外，剩余的各章都有一个任务，并且都包含"任务描述""操作步骤""知识解析""举一反三""拓展知识及训练""习题"等模块。读者在做任务的过程中就可以完成知识的学习和技能的掌握，通过做中学、学中做来达到理论联系实践的学习目的。在每个任务的后面，先通过"知识解析"模块对所做的任务进行知识总结和拓展；在读者对知识有一定的理解和掌握后，通过"举一反三"模块让读者自己动手做一个小任务，以巩固所学的内容和提高操作熟练度；之后通过"拓展知识及训练"模块对所学的内容进行提高训练；最后通过"习题"模块强化相关理论知识。在这 3 部分的最后，都有一个从工作中选取的典型综合案例作为综合实训，从而进一步提高读者对本部分内容的综合应用能力。

为了加强课程思政，将思想政治教育贯穿人才培养的全过程，本书在编写过程中巧妙地将思政内容融入操作案例，使读者在学习知识和技能的同时，还加强了社会主义核心价值观的培育，引导读者形成正确的世界观、人生观和价值观。

本书由李向伟、张平担任主编，由孙昌会、黄硕担任副主编，参与本书编写工作的人员还有耿晓雷、贺欢欢、来卫航，全书由孙昌会负责统稿工作。

 本书的配套教学资源包括教学素材、教学课件等,读者可在登录华信教育资源网后免费下载。

 由于编者水平有限,书中难免存在疏漏与不足之处,敬请广大读者批评指正,以便再版时进行完善。

编 者

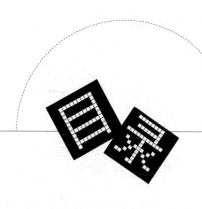

WPS 表格篇

WPS 文字篇

WPS 文字是优秀的文字处理软件之一，作为 WPS Office 办公应用软件中的一个重要组件，WPS 文字通过将功能完备的编写工具与易于使用、界面友好的操作环境相结合，来帮助用户创建和共享具有专业外观的办公文档。

使用 WPS 文字能方便地制作和处理包含文字、符号、表格、图形等信息的各种文档资料，其完善的文字处理能力为用户提供了很大的方便。同时，掌握该软件的使用方法也成为企事业员工学习和工作必备的技能。本篇将通过具体案例的实践与讲解，让用户能够基本掌握 WPS 文字中的文字编辑处理、表格制作、图文混排、打印输出等功能，具备基本现代办公应用能力。

第 **1** 章

WPS 文字的工作界面及基本操作
——制作邀请函

本章重点掌握知识

1. WPS 文字的工作界面。
2. WPS 文字的视图模式。
3. 文档的新建、打开、关闭和保存操作。
4. 页面纸张大小的设置。

任务描述

为深入贯彻党的二十大精神，全力打造中华优秀传统文化"两创"新标杆，某省教育厅等 6 部门联合沿黄九省（区）有关单位共同举办"青少年儿童中华优秀传统文化经典诵读传习大赛"。现需要该省教育厅宣传部的工作人员制作一张邀请函，以省教育厅的名义邀请其他省教育主管部门共同参与举办此次大赛。

通过完成本任务，读者应掌握 WPS 文字的启动和退出，以及对创建的文档进行保存、打开、关闭等基本操作，熟悉 WPS 文字中的按钮、快速访问工具栏、功能区、文档编辑区、状态栏等基本界面元素及其作用。将创建的文档命名为"邀请函"，并保存在用户的"文档"文件夹中。

邀 请 函

×××省教育厅：

　　为深入贯彻党的二十大精神，全力打造中华优秀传统文化"两创"新标杆，坚持以习近平新时代中国特色社会主义思想为指导，深入挖掘阐释黄河文化的时代内涵及现实意义，我省教育厅等 6 部门联合沿黄九省（区）有关单位共同举办"青少年儿童中华优秀传统文化经典诵读传习大赛"，诚挚邀请贵单位共同参与举办。

　　请予以支持，并积极参与这项活动，旨在引领全社会特别是广大青少年儿童学习中华经典、汲取圣贤智慧、讲好黄河故事、传承中华美德，奏响新时代黄河大合唱。

　　此致

　　　　敬礼

（公　章）

2023 年 4 月 15 日

操作步骤

1. 启动 WPS 文字并输入文字

（1）单击"开始"按钮，在弹出的菜单中选择"WPS Office"命令，如图 1-1 所示，即可启动 WPS Office。如果已在桌面上建立了 WPS Office 的快捷方式，则可以双击该快捷方式启动 WPS Office，或者在 Windows 10 系统桌面快速启动栏中单击 WPS Office 图标，启动 WPS Office。

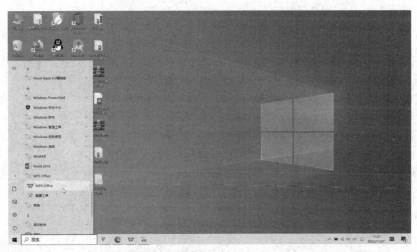

图 1-1　选择"WPS Office"命令

（2）WPS Office 启动后，在启动窗口中单击"+ 新建"按钮，在弹出的"新建"对话框中单击"文字"按钮，如图 1-2 所示，在弹出的"新建文档"窗口中单击"空白文档"按钮，新建空白文档后进入 WPS 文字的工作界面，如图 1-3 所示。

图 1-2 "新建"对话框

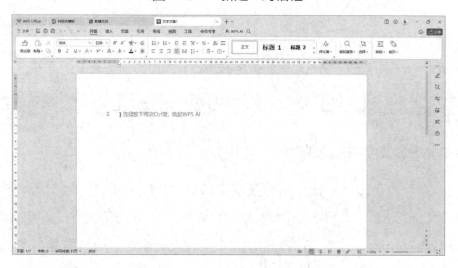

图 1-3 WPS 文字的工作界面

（3）WPS 文字的工作界面中间的空白区域是文档编辑区，在这里可以输入文本，文档编辑区中的"I"形闪烁光标就是文本输入的起始位置，在此输入邀请函的内容，如图 1-4 所示。

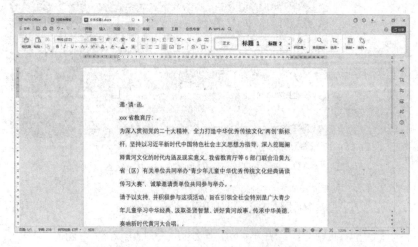

图 1-4 在文档编辑区中输入邀请函的内容

（4）在文档编辑区中，按住鼠标左键后拖动鼠标，选中"邀请函"3 个字，单击"开始"选项卡的"段落"选项组中的"居中对齐"按钮≡，将标题文字"邀请函"居中放置；在"开始"选项卡的"字体"选项组中，分别单击"字体"和"字号"下拉按钮，在弹出的下拉列表中可以分别设置字体和字号，这里设置字体为黑体、字号为二号；在文档编辑区中按 Enter 键可以将光标后的文字分到下一段，这里在标题文字"邀请函"后按 Enter 键，将标题文字和正文之间空一行。

🎓 **提示：** WPS 文字在编辑中支持"所见即所得"，选取内容后方可编辑。选取内容的方式如下：

（1）按住鼠标左键不放，拖动鼠标可以选取任意区域，即在选取内容的起始位置按住鼠标左键不放，并向后拖动鼠标。

（2）将鼠标指针移到某行行首的选择栏内后单击，可以选取整行文字；将鼠标指针移到文档中的词语上后双击，可以选取一个词语；将鼠标指针移到文档中的任意位置后三击，可以选取一段文字。

（3）按 Ctrl+A 组合键可以全选整个文档。

（5）在邀请函正文的每段前按空格键，空出两个汉字的位置，使用同样的方法将"此致"两字段落前也空出两个汉字的位置。选中"敬礼"这一行，单击"开始"选项卡的"段落"选项组中的"居中对齐"按钮≡；选中日期这一行，单击"开始"选项卡的"段落"选项组中的"右对齐"按钮≡；选取文字内容，将字号设置为四号，编辑过程结束，效果如图 1-5 所示。

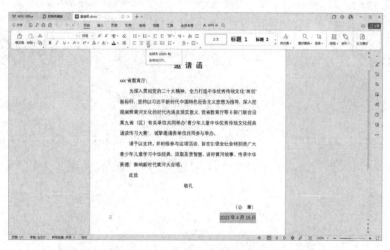

图 1-5　在文档编辑区中设置正文后的效果

2. 保存文档和关闭 WPS 文字

（1）文字输入并设置完成后，要保存文档。选择"文件"菜单的"另存为"子菜单中的"Word 文件(*.docx)"命令，如图 1-6 所示。

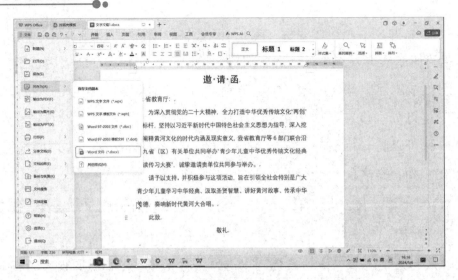

图 1-6 选择"Word 文件(*.docx)"命令

（2）首次保存文档时会弹出"另存为"对话框，如图 1-7 所示，在该对话框中选择"此电脑"中的"文档"文件夹作为保存位置，在"文件名称"文本框中输入"邀请函"，单击"保存"按钮，文档就会以"邀请函"为文件名保存在"文档"文件夹中。

图 1-7 "另存为"对话框

（3）保存文档后，工作界面并不会关闭，而是会回到编辑状态，可以继续对文档进行编辑或进行其他操作。在工作界面的第一行标题栏中会显示当前文档的文件名"邀请函"，如图 1-8 所示。

图 1-8 保存文档后标题栏的变化

（4）文档编辑完成后，要退出 WPS 文字。这时，单击工作界面右上角的"关闭"按钮 ✕，如果文档已保存，则关闭文档并关闭工作界面；如果文档没有保存或保存后又有修改，则会弹出"是否保存文档？"对话框，如图 1-9 所示，根据需要单击相应按钮，即可退出 WPS 文字。

图 1-9　"是否保存文档？"对话框

提示： 当关闭 WPS 文字时，可以像关闭其他应用程序一样通过 Alt+F4 组合键来实现。

3. 新建、打开和关闭文档

（1）当通过"开始"菜单或 Windows 10 系统桌面快速启动栏启动 WPS 文字时，可以选择新建空白文档或按照模板创建新文档。

（2）在 WPS 文字已启动的情况下，在启动窗口中单击"+新建"按钮，并在打开的"新建"对话框中单击"文字"按钮，如图 1-10 所示，可以打开"新建文档"窗口，如图 1-11 所示，单击"空白文档"按钮，即可创建一个新的空白文档。在已打开文档的情况下，选择"文件"菜单的"新建"子菜单中的"新建"命令，也可以打开如图 1-11 所示的"新建文档"窗口，在该窗口中单击"空白文档"按钮，即可创建一个新的空白文档。

图 1-10　在"新建"对话框中单击"文字"按钮

图 1-11　"新建文档"窗口

（3）当要对已建立的文档进行修改或其他操作时，需要打开该文档。如果 WPS 文字未启动，则需要先在计算机中找到要打开的文档，如图 1-12 所示，然后双击该文档，则会启动 WPS 文字，并在工作界面中显示出该文档中的内容。如果 WPS 文字已启动，则可以选择"文件"菜单中的"打开"命令（或者按 Ctrl+O 组合键），打开"打开文件"对话框，如图 1-13 所示，在该对话框中可以选择要打开的文档。也可以在 WPS 文字的启动窗口的"最近"区域中选择要打开的文档，如图 1-14 所示。

图 1-12　在计算机中找到要打开的文档

图 1-13　"打开文件"对话框

图 1-14　WPS 文字的启动窗口的"最近"区域

（4）当一个文档中的内容修改完成并保存以后，除了可以用前面介绍的退出方法直接退出 WPS 文字，还可以只关闭该文档，不退出 WPS 文字。例如，单击当前文档的标题栏中标题右侧的"关闭"按钮 ×，即可关闭当前文档，但并没有退出 WPS 文字。在该状态下，可以继续进行文档的新建、打开操作。

知识解析

1. 工作界面介绍

WPS 文字的工作界面包含快速访问工具栏、功能区、文档编辑区和状态栏等基本部分。

（1）WPS 文字的功能区显示在 WPS 文字工作界面的顶部，主要由选项卡、选项组和按钮组成，每个选项卡包含若干个围绕特定方案或对象组织的选项组，如"开始"选项卡中包含"剪贴板"、"字体"和"段落"等选项组，选项组中包含若干个图形化设计的按钮，如"字体"选项组中有"字体"、"字号"和"字体颜色"等按钮，如图 1-15 所示。

图 1-15　功能区中的选项卡、选项组和按钮

（2）在选项卡的选项组中，有的按钮还有下一级命令，单击下拉按钮，在弹出的下拉菜单中即可看到这些命令。例如，单击"插入"选项卡的"表格"选项组中的"表格"下拉按钮，会弹出相应的下拉菜单，如图 1-16 所示。

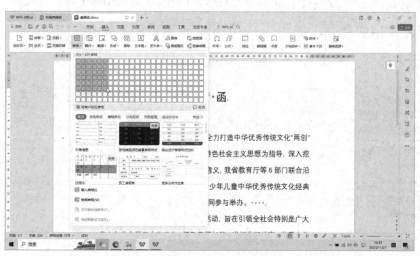

图 1-16　"表格"下拉菜单

（3）在某些选项组的右下角还会有"对话框启动器"按钮 ⌐，单击该按钮，会弹出相应的对话框。例如，单击"页面"选项卡中"页面设置"选项组右下角的"对话框启动器"按钮 ⌐，会弹出"页面设置"对话框，如图 1-17 所示，在该对话框中可以对相关选项进行设置。

图 1-17　"页面设置"对话框

🎓 **提示**：在功能区的选项卡中右击，通过弹出的快捷菜单中的命令可以对功能区和快速访问工具栏进行设置，包含显示功能区、显示功能区分组名、功能区按钮居中、快速访问工具栏的位置等。

（4）功能区的左上角是"文件"菜单，其中包含了"新建"、"打开"、"保存"、"打印"、"选项"和"退出"等有关文档的基本操作命令，如图 1-18 所示。通过"新建"命令既可以创建空白文档，也可以利用本地计算机上安装的模板或互联网上的模板来创建一些有固定格式的文档。通过"选项"命令可以对 WPS 文字中的所有相关操作进行进一步的定义和设置，以及自定义文档保存方式等。

（5）"文件"菜单的右侧是快速访问工具栏，默认包含"保存"、"撤销"和"恢复" 3 个频繁使用的按钮，这些按钮在任何选项卡下都能使用。单击快速访问工具栏右侧的"自定义快速访问工具栏"下拉按钮，通过弹出的下拉菜单中"快速访问工具栏"组内的命令，可以自定义显示常用的命令，如图 1-19 所示。在窗口的右上角会显示当前用户名，以及"最小化"、"最大化"、"向下还原"和"关闭"按钮。

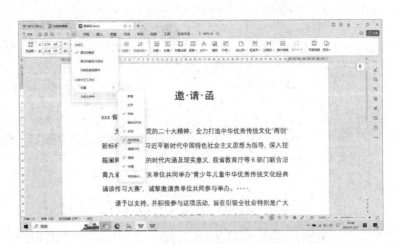

图 1-18　"文件"菜单中的命令　　　　图 1-19　"自定义快速访问工具栏"下拉菜单

（6）整个工作界面的最下面为状态栏，右击状态栏，通过弹出的快捷菜单中的命令可以对状态栏内显示的信息进行设置。状态栏中一般默认显示当前文档的一些基本信息。例如，状态栏的左侧会显示当前文档的总页码数、当前页码、总字数、拼写检查等；右侧会显示 5 个视图模式按钮，单击这些按钮可以在不同的视图下切换；此外，状态栏的右侧还会显示当前文档的显示比例，左右拖动滑块可以调节当前文档的显示比例。

2. WPS 文字的视图模式

WPS 文字中提供了 5 种不同的版式视图，分别为阅读版式视图、页面视图、Web 版式视图、大纲视图和写作模式视图。单击"视图"选项卡的"视图"选项组中的 5 个视图模式按钮，可以切换到相应的视图；单击底部状态栏中右侧的 5 个视图模式按钮，可以在 5 个常用视图下进行快速切换。

（1）阅读版式视图是方便用户进行阅读的视图模式。在该视图下，功能区被隐藏，相邻的两页显示在一个窗口中，并显示前后翻页按钮，便于阅读。

（2）页面视图是文档编辑中默认的视图模式。在该视图下可以看到各种排版的格式，如页脚、页眉、文本框、分栏等，其显示效果与文档最终打印输出的效果相同。

（3）Web 版式视图可以模拟浏览器显示文档内容，文档被显示为没有分页的长文档，自动适应窗口的大小，文档中的背景、图像都可以显示出来。

（4）大纲视图可以方便地显示出文档大纲结构，既可以折叠显示一定级别的标题，也可以显示文档所有的标题和正文。大纲视图不显示页眉、页脚、文本框、页边距、图片及背景等设置信息。

（5）写作模式视图是一种简化的页面视图。在该视图下可以显示字体格式和段落格式，但不能显示页边距、页眉和页脚，以及没有设置为嵌入式的图片，虚线表示分页符。

3. 文档的保存

（1）在输入文档内容时，输入一部分内容后，就应进行保存，而不要在全部文档内容输入完成后才保存，这样可以防止因输入过程中出现意外造成已经输入内容的丢失。

（2）第一次保存时除输入文件名称以外，还可以对文件类型进行设置，默认保存为 WPS 文字格式，文件扩展名为.wps。为了方便在以前的版本中使用和避免软件兼容性问题，可以将文件类型设置为"Microsoft Word 97-2003 文件(*.doc)"，文件扩展名自动设置为.doc，如图 1-20 所示。

（3）第一次保存后，在继续输入或修改文档内容的过程中，可以通过单击快速访问工具栏中的"保存"按钮（或者按 Ctrl+S 组合键）随时对文档进行保存，以防意外情况造成的内容丢失。

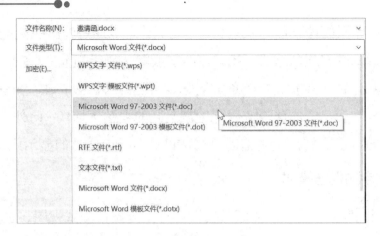

图 1-20　设置文件类型

（4）为了保证文档的安全，可以利用 WPS 文字的自动保存功能。选择"文件"菜单的"备份与恢复"子菜单中的"备份中心"命令，在弹出的"备份中心"对话框中单击"本地备份设置"按钮，在弹出的"本地备份设置"对话框中可以设置备份模式。例如，在"本地备份设置"对话框内选中"定时备份"单选按钮，然后在"时间间隔"右侧的文本框中设置合适的时间，如 5 分钟（见图 1-21），这样，在输入文档内容的过程中，每隔 5 分钟WPS 文字就会自动保存当前文档。另外，在"本地备份设置"对话框的"本地备份存放位置"下拉列表中，可以设置文档自动保存的位置。

图 1-21　设置自动保存的时间间隔

（5）当需要将已经保存的文档重新保存到另一个位置或保存为另一种文件类型，以及以另一个名字保存时，可以选择"文件"菜单中的"另存为"命令，在弹出的"另存为"对话框中，设置需要保存的新文件类型、新的保存位置、新的文件名，单击"保存"按钮即可完成另存操作。

举一反三　制作例会通知

制作道路安全例会的通知

"百安活动"已经接近尾声，安全态势平稳，清明节即将来临，为了进一步加强安全管理，减少和杜绝重大道路交通事故的发生，经公司安委会研究决定，召开三月份安全例会。请在 WPS 文字中制作一个简单的例会通知，并保存在"文档"文件夹中，以"例会通知"命名该文档，完成后关闭该文档，但不关闭 WPS 文字的工作界面。

要求：（1）在输入文字时力求准确，主要以练习文档的相关操作为主。

（2）文档排版力求美观大方。

（3）通知以 A4 纸打印。

操作提示：在 WPS 文字的工作界面中，单击"页面"选项卡的"页面设置"选项组中的"纸张大小"下拉按钮，在弹出的下拉菜单的列表框中选择合适的选项，如图 1-22 所示，即可设置纸张大小。

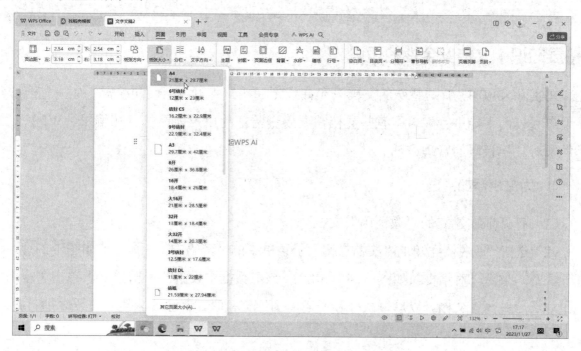

图 1-22 "纸张大小"下拉菜单

范例如下：

例 会 通 知

各科室：

"百安活动"已经接近尾声，安全态势平稳，清明节即将来临，为了进一步加强安全管理，减少和杜绝重大道路交通事故的发生，经公司安委会研究决定，召开三月份安全例会，现将有关事项通知如下。

一、时间：20xx 年 3 月 29 日上午 9：30

二、地点：公司会议室

三、参会人员：全体管理人员

四、会议内容

1．传达上级部门安全文件精神，通报近期事故。

2．对 3 月份的安全工作进行总结。

3．对 4 月份的安全工作作出安排。

五、会议要求

请参会人员准时参加，不得迟到、早退，不得缺席。

xxx 部门

20xx 年 xx 月 xx 日

拓展知识及训练

【拓展知识】文档安全性的设置

在实际应用中，有些特殊的文档只允许指定的用户打开、阅读和编辑；有些文档只允许用户阅读而不能进行编辑；有些文档需要通过验证的用户才能打开和编辑。WPS 文字提供了对文档权限的管理方法。

1．为文档添加密码

（1）打开前面建立的"邀请函"文档。

（2）选择"文件"菜单的"文档加密"子菜单中的"密码加密"命令，如图 1-23 所示，打开"密码加密"对话框，如图 1-24 所示，在该对话框中设置一个密码后，单击"应用"按钮，然后关闭该文档。以后每次打开"邀请函"文档时，都会要求输入密码才能打开。

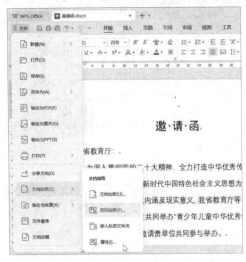

图 1-23　选择"密码加密"命令

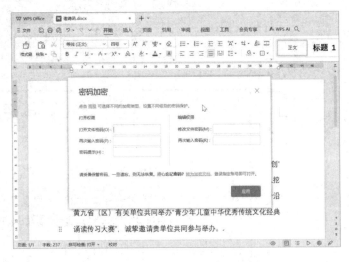

图 1-24　"密码加密"对话框

🎓 提示：在保存文档时，也可以对文档添加密码进行加密设置。在"另存为"对话框中单击"加密"按钮，如图 1-25 所示，在打开的"密码加密"对话框中即可设置密码。

图 1-25　在"另存为"对话框中单击"加密"按钮

2. 限制对文档的编辑

方法一：简单限制文档编辑

（1）在文档中输入内容且编辑完成后，如果想要不允许用户再对该文档进行编辑，则可以打开该文档，选择"文件"菜单中的"文档定稿"命令，在弹出的"文档定稿"对话框中单击"确定"按钮，则该文档会被标记为定稿状态，当用户再次对该文档进行编辑时会提示当前文档处于定稿状态。

（2）当需要取消文档的定稿状态时，可以打开要取消定稿状态的文档，单击右侧"文档定稿"窗格中的"更多"按钮，在弹出的下拉菜单中选择"取消定稿"命令，则当前文档的定稿状态会被取消，只读标记也会被取消，此时就可以继续对该文档进行编辑了。

方法二：使用密码限制文档编辑

选择"文件"菜单的"文档加密"子菜单中的"密码加密"命令，在弹出的"密码加密"对话框中，可以在对应权限上输入密码进行加密。

【拓展训练】

1. 将"邀请函"文档设置为定稿状态。

2. 用 WPS 文字给父母写一封信，打印并邮寄给父母。

一、填空题

1．在 WPS 文字中创建的文档的默认扩展名是_____。

2．在 WPS 文字中，当用智能 ABC 输入法编辑文档时，如果需要进行中英文切换，则可以按_____键。

3．WPS 文字在编辑中支持"所见即所得"，选取内容后方可编辑。选取一个词语的操作是_____，选取整行文字的操作是_____，选取一段文字的操作是_____，全选文档的快捷操作是按_____键。

4．在 WPS 文字中，对齐文字的方式有_____、_____、_____、_____和分散对齐 5 种。

二、单选题

1．当 WPS 文字的工作界面呈最大化显示时，界面的右上角可以同时显示的是（　　）按钮。

　　A．"最小化"、"还原"和"最大化"　　　　B．"还原"、"最大化"和"关闭"

　　C．"最小化"、"还原"和"关闭"　　　　　D．"还原"和"最大化"

2．在 WPS 文字中，当前活动窗口中显示 D1.doc 文档的内容，单击该窗口的"最小化"按钮，则（　　）。

　　A．不显示 D1.doc 文档中的内容，但 D1.doc 文档并未被关闭

　　B．该窗口和 D1.doc 文档都被关闭

　　C．D1.doc 文档未被关闭，并且继续显示其内容

　　D．关闭了 D1.doc 文档，但该窗口并未被关闭

3．如果想关闭 WPS 文字的工作界面，则可以选择"文件"菜单中的（　　）命令。

　　A．"关闭"　　　　　B．"退出"　　　C．"发送"　　　　　　D．"保存"

4．在 WPS 文字的编辑状态下，单击"开始"选项卡的"剪贴板"选项组中的"复制"按钮后，（　　）。

　　A．选择的内容被复制到插入点处

　　B．选择的内容被复制到剪贴板

　　C．插入点所在段落的内容被复制到剪贴板

　　D．插入点所在行的内容被复制到剪贴板

5．下面对 WPS 文字的叙述中正确的是（　　　）。

　　A．WPS 文字是一种电子表格

　　B．WPS 文字是一种文字处理软件

　　C．WPS 文字是一种数据库管理系统

　　D．WPS 文字是一种操作系统

第 **2** 章

WPS 文字文档的编辑及基本格式设置——制作社团招募令

本章重点掌握知识

1. 文本选择操作。
2. 文本与段落的格式的设置。
3. 文档的预览与打印。
4. 项目符号与编号的设置。
5. 分栏与首字下沉格式的设置。

任务描述

　　某高校的新生报到后，校园里有很多社团需要一批有志之士加入。为此，校团委根据本校外联部社团主管提出的招募需求，要在学校网站发布一份社团招募公告，这份招募公告由宣传部干事小李来制作。首先要制作社团招募公告文档，然后将该文档保存到"社团文档"文件夹中。

　　本章将主要讲解如何利用 WPS 文字完成社团招募公告的撰写，参考样张如图 2-1 所示。

　　社团招募公告一般在校内宣传栏进行张贴或发布到学校网站上，主要内容包括社团简介、社团特色、风采展示、招募要求、招募地点、招募时间、联系电话等信息。通过完成本任务，读者应掌握输入文字、插入符号、选中文本、复制文本、粘贴文本、移动文本、删除文本、撤销文本、恢复文本、查找文本、替换文本等基本的编辑方法，以及字体格式、颜色、背景、段落间距、首字下沉、分栏等基本的格式设置方法。

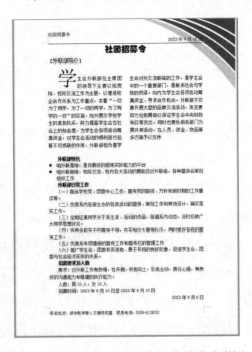

图 2-1　某高校社团招募公告的参考样张

操作步骤

1．输入文档内容

（1）启动 WPS 文字。

（2）在工作界面的文档编辑区中输入社团招募公告的内容。在文档编辑区中闪烁的"I"形光标所在的位置就是插入点，该位置就是输入文字的位置，输入文本的过程中会自动换行，当输完一个段落的文字后，按 Enter 键可以手动换行。

（3）内容输入完成后，选择"文件"菜单中的"保存"命令，或者单击快速访问工具栏中的"保存"按钮，在弹出的"另存为"对话框中，将文件保存在"文档"文件夹中，并设置文件名为"社团招募令"。文档保存完成后的效果如图 2-2 所示（随书配套素材中的"社团招募令.docx"文档）。

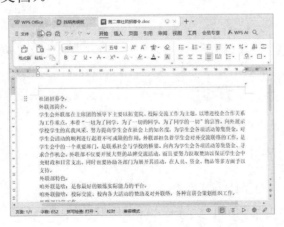

图 2-2　文档保存完成后的效果

提示：当遇到内容较多的文档时，应当在输入一部分文本内容后就进行第一次保存，然后继续输入，输入过程中应多次进行保存，以防文档内容丢失。

2. 选中文本

文本的编辑、修改或格式化等操作都是针对文档中某些部分的内容而言的，所以首先要会选中不同部分的文本。

（1）选中任意连续文本。例如，要选中正文中从"外联部特色"文本至"组织工作"文本之间的 3 段文本，方法是：在"外联部特色"文本前按住鼠标左键不松开，并向后拖动鼠标到"组织工作"这一行后松开鼠标左键，即可选定该连续文本，如图 2-3 所示。该方法可以选定一个字符、一个词组、一句文本、一段文本，甚至是全部文档内容。

（2）选中整行文本。例如，要选中"外联部简介"文本所在的一行，需要将鼠标指针定位到"外联部简介"文本的前面，当鼠标指针变为向右上的空心箭头时单击，即可选中该行，如图 2-4 所示。

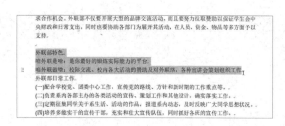

图2-3　选中任意连续文本

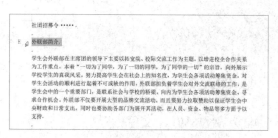

图2-4　选中整行文本

（3）选中整段文本。例如，要选中正文的第一段文本，可以将鼠标指针移动到该段的左侧，当鼠标指针变为向右上的空心箭头时双击，即可选中该段文本（在该段落中的任意位置三击，也可以选中该段文本），如图 2-5 所示。

（4）选中不连续的文本。先用上述方法选中一部分文本，然后按住 Ctrl 键，再选中其他的文本，即可选中不连续的文本，如图 2-6 所示。

图2-5　选中整段文本

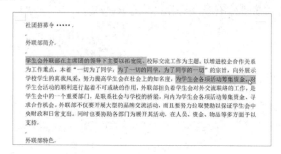

图2-6　选中不连续的文本

（5）选中全部文本。用选中任意连续文本的方法可以选中全部文本；将鼠标指针移动到任意一行的左侧，当鼠标指针变为向右上的空心箭头时三击，同样可以选中全部文本；

如果用命令的方法，则可以选择"开始"菜单的"选择"子菜单中的"全选"命令来选中全部文本；按 Ctrl+A 组合键也可以选中全部文本，如图 2-7 所示。

图 2-7　选中全部文本

提示：在选中文本并指向所选文本后，会以弹出形式出现一个浮动工具栏，当将鼠标指针移动到该浮动工具栏中的按钮上时，按钮的颜色会加深，当鼠标指针离开浮动工具栏时，该浮动工具栏会消失。利用该浮动工具栏可以方便地进行常用格式的设置。

3. 设置文字与段落的格式

（1）选中社团招募公告的标题"社团招募令"，在"开始"选项卡的"字体"选项组中设置字体为"华文琥珀"，字号为"二号"，在"段落"选项组中单击"居中对齐"按钮，效果如图 2-8 所示。

图 2-8　设置标题的格式后的效果

提示：在格式设置中，当将鼠标指针悬停在选项卡中的某个按钮上时，可以实时预览到该选项的格式效果。

（2）选中社团招募公告中的正文部分，在"开始"选项卡的"字体"选项组中设置字体为"宋体"，字号为"小四号"。

（3）将光标停在要插入符号的位置，单击"插入"选项卡的"符号"选项组中的"符号"下拉按钮，在弹出的下拉菜单的"符号大全"组中选择要插入的符号，或者在弹出的下拉菜单中选择"其他符号"命令，在弹出的"符号"对话框中选择要插入的符号，如图 2-9 所示。这里在"外联部简介"文本的两侧分别插入"【"和"】"符号。

图 2-9　选择要插入的符号

（4）选中"外联部简介"文本，在"开始"选项卡的"字体"选项组中设置字号为"四号"，并单击"加粗"按钮，然后单击"字体颜色"下拉按钮，在弹出的下拉菜单中选择红色。单击"字体"选项组右下角的"对话框启动器"按钮，在弹出的"字体"对话框中选择"字体"选项卡，在"着重号"下拉列表中选择合适的选项，为文字加上着重号，如图 2-10 所示，效果如图 2-11 所示。

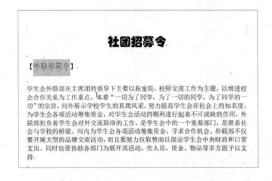

图 2-10　"字体"对话框　　　　图 2-11　设置"外联部简介"文本的格式后的效果

（5）选中"【社团简介】"下的所有正文内容，单击"开始"选项卡的"段落"选项组右下角的"对话框启动器"按钮，在弹出的"段落"对话框的"缩进和间距"选项卡中，设置特殊格式为首行缩进，度量值为 2 字符；设置行距为多倍行距，设置值为 1.25 倍，如图 2-12 所示。

（6）选中从"咱外联是"文本至"组织工作"文本的 3 行内容，单击"开始"选项卡的"段落"选项组中的"项目符号"下拉按钮，在弹出的下拉菜单中可以选择要设置的项目符号，如图 2-13 所示。

图 2-12　为段落设置缩进字符和行距

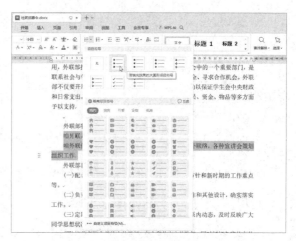

图 2-13　选择要设置的项目符号

（7）在正文第一段文本中三击选中整段文本后，单击"插入"选项卡的"部件"选项组中的"首字下沉"按钮，在弹出的"首字下沉"对话框中设置该段文本第一个字的格式，如图 2-14 所示。

（8）再次在第一段文本中三击选中整段文本，单击"页面"选项卡的"页面设置"选项组中的"分栏"下拉按钮，在弹出的下拉菜单中选择"两栏"命令，如图 2-15 所示。

图 2-14　"首字下沉"对话框

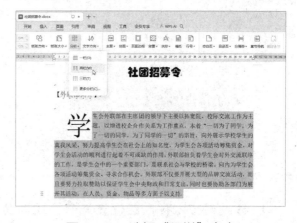

图 2-15　选择"两栏"命令

提示： 在 WPS 文字中最多允许分 11 栏。单击"页面"选项卡的"页面设置"选项组中的"分栏"下拉按钮，在弹出的下拉菜单中选择"更多分栏"命令，在弹出的"分栏"对话框中可以设置分栏的偏左或偏右及每栏的宽度与间距。

（9）选中从"配合学校党"文本至"推广学生会"文本的 7 行内容，单击"开始"选项卡的"段落"选项组中的"编号"下拉按钮，在弹出的下拉菜单中可以选择要设置的编号，如图 2-16 所示。

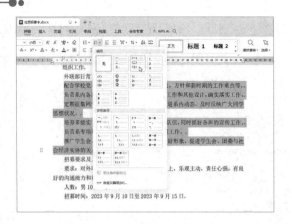

图2-16 选择要设置的编号

（10）选中正文中的小标题"外联部特色"，单击"开始"选项卡的"字体"选项组中的"加粗"按钮，效果如图2-17所示。

（11）使用格式刷将其他小标题的格式设置为与小标题"外联部特色"相同的格式。可以选中小标题"外联部特色"，然后单击"开始"选项卡的"剪贴板"选项组中的"格式刷"按钮，将鼠标指针移动到"外联部日常工作"文本的前面，按住鼠标左键不放，向右拖动鼠标，选中小标题后松开鼠标左键，此时该行小标题的格式就变得与小标题"外联部特色"的格式相同了，效果如图2-18所示。对其他的小标题实施同样的操作。

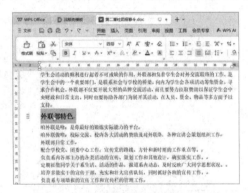

图2-17 对小标题设置加粗格式后的效果

图2-18 对小标题应用格式刷后的效果

提示：

- 格式刷可以将已经设置好的格式向其他文本复制。在操作时一定要先选中已设置好格式的文本，再去"刷"其他的文本。

- 单击"格式刷"按钮，只能进行一次操作；双击"格式刷"按钮，可以进行多次操作。如果要停止复制格式，则再次单击"格式刷"按钮或按Esc键即可。

（12）按住Ctrl键，选中每个小标题文本，单击"页面"选项卡的"效果"选项组中的"页面边框"按钮，在弹出的"边框和底纹"对话框中选择"底纹"选项卡，为选中的文本添加底纹，如图2-19所示。

（13）选中小标题"招募要求及人数"下方的内容，单击"开始"选项卡的"段落"选项组右下角的"对话框启动器"按钮，打开"段落"对话框，如图 2-20 所示，在"缩进和间距"选项卡中，设置段前间距为 0 行，段后间距为 0 行，行距为多倍行距，设置值为 1.2 倍。

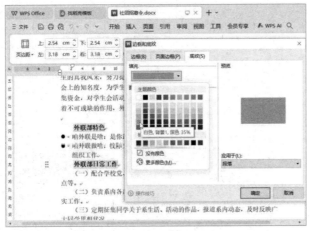

图 2-19　"边框和底纹"对话框　　　　　　图 2-20　"段落"对话框

（14）选择"插入"选项卡，单击"部件"选项组中的"文档部件"下拉按钮，在弹出的下拉菜单中选择"日期"命令，打开"日期和时间"对话框，如图 2-21 所示，在"可用格式"列表中选择一种格式，单击"确定"按钮即可。选中插入的日期这一行，将其设置为右对齐。此时段落间距及日期设置完成，效果如图 2-22 所示。

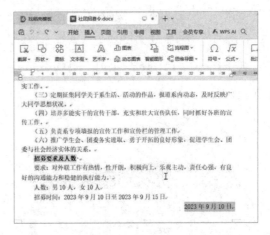

图 2-21　"日期和时间"对话框　　　　图 2-22　段落间距及日期设置完成后的效果

4．设置页眉与页脚的格式

（1）单击"插入"选项卡的"页"选项组中的"页眉页脚"按钮，此时功能区中会增加一个"页眉页脚"选项卡，同时文档进入设置页眉和页脚状态，单击"页眉页脚"选项卡的"页眉页脚"选项组中的"页眉"下拉按钮，在弹出的下拉菜单的列表中选择自己喜欢的风格，如图 2-23 所示。在页眉的文本框中输入文本"社团招募令"，并将文本的格式设置为"左对齐、黑体、小四号"；换行后选择"插入"选项卡，单击"部件"选项组中的"文档部件"下拉按钮，在弹出的下拉菜单中选择"日期"命令，打开"日期和时间"

对话框，在"可用格式"列表中选择"xxxx-x-xx"形式的格式选项，并将插入的日期行的格式设置为"右对齐、黑体、小四号"，效果如图 2-24 所示。

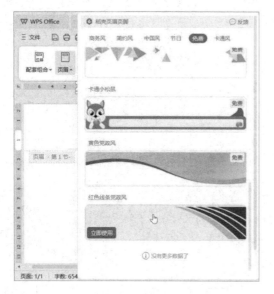

图 2-23　"页眉"下拉菜单中的列表　　　　　图 2-24　页眉设置效果

（2）单击"插入"选项卡的"页"选项组中的"页眉页脚"按钮，此时功能区中会增加一个"页眉页脚"选项卡，同时文档进入设置页眉和页脚状态，单击"页眉页脚"选项卡的"页眉页脚"选项组中的"页脚"下拉按钮，在弹出的下拉菜单的列表中选择"空白页脚"选项，如图 2-25 所示，在页脚的文本框中输入文本"报名地点：综合教学楼 A 三楼活动室　联系电话：05xx-81xxxxx"，并将文本的格式设置为"宋体、五号"，效果如图 2-26 所示。

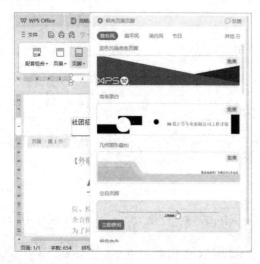

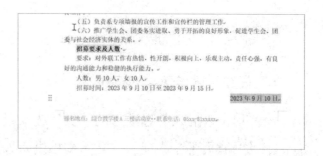

图 2-25　选择"空白页脚"选项　　　　　　图 2-26　页脚设置效果

（3）在页眉和页脚编辑状态下，功能区中会增加一个"页眉页脚"选项卡，该选项卡汇总有关于页眉和页脚的相关操作按钮，如图 2-27 所示，单击该选项卡的"关闭"选项组中的"关闭"按钮，或者双击正文中的任意位置，可以回到正文编辑状态。

图 2-27　"页眉页脚"选项卡

（4）页眉和页脚设置完成后，单击快速访问工具栏中的"保存"按钮或按 Ctrl+S 组合键进行保存。

5. 预览和打印

电子稿制作完成后，需要将社团招募公告打印出来。在正式打印之前，应先选择"文件"菜单的"打印"子菜单中的"打印预览"命令，查看打印效果，如果不满意，则可以返回编辑状态继续修改。

（1）选择"文件"菜单的"打印"子菜单中的"打印预览"命令，打开打印预览窗口，如图 2-28 所示，在该窗口的左侧可以看到打印预览效果，并且右侧会出现一个"打印设置"窗格。

图 2-28　打印预览窗口

（2）在"打印设置"窗格中，可以设置打印机和文档打印的相关属性。单击"打印机"下拉列表右侧的"打印机属性"按钮，可以打开如图 2-29 所示的对话框，在该对话框中可以设置布局、纸张/质量、打印快捷方式等。设置完成后，单击"确定"按钮，返回打印预览窗口，在该窗口右侧的"打印设置"窗格中可以对纸张方向、打印方式、打印范围等属性进行设置，如图 2-30 所示。需要注意的是，不同的打印机可以设置的属性内容不同。

图 2-29　设置打印机属性

图 2-30　"打印设置"窗格

（3）在打印预览窗口中，如果文本内容存在错误或对文本的格式不满意，则可以单击"退出预览"按钮，返回编辑窗口重新对文本内容进行编辑。

（4）如果文本内容无错误或对文本的格式满意，则可以单击"打印设置"窗格中的"打印(Enter)"按钮，直接从打印机中打印出当前文档。

知识解析

1. 选择文本的键盘按键与操作

文本的选择也可以通过键盘实现，具体的键盘按键与操作如表 2-1 所示。

表 2-1　选择文本的键盘按键与操作

选择文本的范围	键盘按键与操作
光标右侧的一个字符	按 Shift+向右键
光标左侧的一个字符	按 Shift+向左键
光标所在的一行（从开头到结尾）	先按 Home 键，然后按 Shift+End 组合键
光标所在的一行（从结尾到开头）	先按 End 键，然后按 Shift+Home 组合键
一段（从开头到结尾）	先将光标移动到段落开头，再按 Ctrl+Shift+向下键
一段（从结尾到开头）	先将光标移动到段落结尾，再按 Ctrl+Shift+向上键
从插入点到开头文档	按 Ctrl+Shift+Home 组合键
从插入点到结尾文档	按 Ctrl+Shift+End 组合键
整篇文档	按 Ctrl+A 组合键
垂直文本块	按 Ctrl+Shift+F8 组合键，然后使用箭头键。按 Esc 键可关闭选择模式

2. 文本编辑方法

（1）插入与删除文本。

在文档中，如果要插入新内容，则在插入状态下，将光标移到插入点后输入新内容即可，如图 2-31 所示。如果要删除输入的内容，则按键盘上的 Backspace 键，可以删除光标前的文本；按键盘上的 Delete 键，可以删除光标后的文本；先选中文本，再按 Delete 键，可以删除选中的文本。

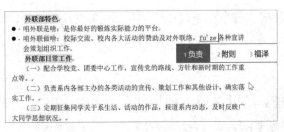

图 2-31　插入与删除文本

（2）复制与移动文本。

复制文本的方法如下：

① 使用按钮。选中要复制的文本，单击"开始"选项卡的"剪贴板"选项组中的"复制"按钮，将光标移到目标位置，然后单击"剪贴板"选项组中的"粘贴"按钮。

② 使用快捷键。选中要复制的文本，按 Ctrl+C 组合键进行复制，将光标移到目标位置，然后按 Ctrl+V 组合键进行粘贴即可。

③ 使用快捷菜单。选中要复制的文本并右击，然后在弹出的快捷菜单中选择"复制"命令，将光标移到目标位置后右击，在弹出的快捷菜单中选择"粘贴"命令即可。

④ 使用鼠标拖动。选中要复制的文本，按住 Ctrl 键的同时按住鼠标左键不放，拖动鼠标，将鼠标指针移到目标位置，然后松开鼠标左键和 Ctrl 键即可。

移动文本的方法如下：

① 使用按钮。选中要移动的文本，单击"开始"选项卡的"剪贴板"选项组中的"剪切"按钮，将光标移到目标位置，然后单击"剪贴板"选项组中的"粘贴"按钮。

② 使用快捷键。选中要移动的文本，按 Ctrl+X 组合键进行剪切，将光标移到目标位置，然后按 Ctrl+V 组合键进行粘贴即可。

③ 使用快捷菜单。选中要移动的文本并右击，然后在弹出的快捷菜单中选择"剪切"命令，将光标移到目标位置后右击，在弹出的快捷菜单中选择"粘贴"命令即可。

④ 使用鼠标拖动。选中要移动的文本，直接将其拖动到目标位置即可。

（3）撤销与恢复文本。

在操作过程中，如果发现进行了错误的操作，则可以撤销该操作，也可以恢复已撤销的操作；如果需要重复输入内容，则可以使用重复操作。"恢复"按钮和"重复"按钮是同一个按钮，可自动进行切换，操作方法有以下两种：

① 使用快捷键。按一次 Ctrl+Z 组合键，可撤销上一步操作，多次按 Ctrl+Z 组合键可按照顺序撤销多步操作；当有撤销操作时，按一次 Ctrl+Y 组合键，可恢复刚才撤销的操作，多次按 Ctrl+Y 组合键可按照顺序恢复多步操作。当没有撤销操作时，按 Ctrl+Y 组合

键可进行重复操作。

② 使用按钮。快速访问工具栏中有"撤销"按钮，单击"撤销"按钮，"重复"按钮会变成"恢复"按钮。单击"撤销"按钮右侧的下拉按钮，在弹出的下拉菜单中可选择撤销多步操作。

（4）查找和替换文本。

使用查找和替换功能，既可以很方便地找到文档中的文本、符号或格式，也可以对多个相同的文本、符号或格式进行统一的替换。

查找文本的操作方法如下：

单击"开始"选项卡的"查找"选项组中的"查找替换"下拉按钮，在弹出的下拉菜单中选择"查找"命令，打开"查找和替换"对话框，在"查找"选项卡的"查找内容"文本框中输入要查找的内容，单击"查找上一处"按钮，可以找到上一处内容；单击"查找下一处"按钮，可以找到下一处内容。在"查找内容"文本框中输入的内容找到后会以灰色背景显示，如图 2-32 所示。

图 2-32　"查找和替换"对话框

替换文本的操作方法如下：

在"查找和替换"对话框中选择"替换"选项卡，在"查找内容"文本框中输入要查找的内容，如"合作关系"，在"替换为"文本框中输入要替换的文本，如"合作协调"，单击"查找下一处"按钮开始查找，找到的内容会以灰色背景显示，单击"替换"按钮，如图 2-33 所示，则找到的"合作关系"文本将被替换为"合作协调"文本，再次单击"替换"按钮，则找到的下一个"合作关系"文本将被替换为"合作协调"文本，如果单击"全部替换"按钮，则文档中所有的"合作关系"文本都将被替换为"合作协调"文本。

图 2-33　替换文本

提示：单击"查找和替换"对话框中的"高级搜索"按钮，在展开的区域中可以进行详细的查找设置；单击"格式"或"特殊格式"下拉按钮，通过弹出的下拉菜单中的命令可以对格式或特殊格式进行查找设置或者替换设置。

3. 字符格式设置

字符格式主要包括字体、字号、字形及一些文字效果等。字符格式设置可以通过多种方法进行。

（1）通过浮动工具栏进行常见的字符格式设置。

当选中文本并将鼠标指针指向文本时，就会弹出一个浮动工具栏，在该浮动工具栏中可设置字符最基本的字体、字号、加粗、斜体等格式，如图 2-34 所示。

（2）通过"开始"选项卡的"字体"选项组中的按钮设置字符格式。

"开始"选项卡的"字体"选项组中有丰富的关于字符格式设置的按钮，使用这些按钮可以对字符进行更多的格式设置，如图 2-35 所示。

图 2-34　浮动工具栏　　　　　图 2-35　"开始"选项卡的"字体"选项组

"开始"选项卡的"字体"选项组中的常见按钮说明如下。

① "突出显示"按钮：单击该按钮，然后用鼠标在文本上拖动，可以使鼠标指针经过的文本以给定的颜色突出显示，使文字看上去像是用荧光笔做了标记一样。单击该按钮右侧的下拉按钮，可以在弹出的颜色下拉列表中选择不同的颜色。

② "增大字体"按钮：单击该按钮，可以使选中文本的字号增大。

③ "缩小字体"按钮：单击该按钮，可以使选中文本的字号缩小。

④ "清除格式"按钮：单击该按钮，可以清除选中文本的格式，只留下纯文本。

⑤ "拼音指南"按钮：单击该按钮，可以为选中的文本加上拼音。

⑥ "字符底纹"按钮：单击该按钮，可以为选中的文本添加底纹。

（3）通过"字体"对话框设置字符格式。

还有一些字符格式的设置要通过"字体"对话框进行，如字符间距等。单击"字体"选项组右下角的"对话框启动器"按钮，即可打开"字体"对话框，如图 2-36 所示。

图 2-36　"字体"对话框

4. 段落格式设置

段落格式主要包括段落的对齐方式、行距、段前间距、段后间距、特殊格式、项目符号、项目列表等。段落格式设置可通过多种方法进行。

（1）通过浮动工具栏进行简单的段落格式设置。

当选中文本并将鼠标指针指向文本时，就会弹出一个浮动工具栏，在该浮动工具栏中可设置行距、对齐方式等格式。

（2）通过"开始"选项卡的"段落"选项组中的按钮设置段落格式。

"开始"选项卡的"段落"选项组中有丰富的关于段落格式设置的按钮，使用这些按钮可以对段落字符进行更多的格式设置，如图 2-37 所示。

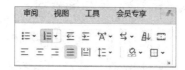

图 2-37　"开始"选项卡的"段落"选项组

"开始"选项卡的"段落"选项组中的常见按钮说明如下。

① "减少缩进量"按钮 ：单击该按钮，可以减少所选中的文本或插入点所处段落的缩进量。

② "增加缩进量"按钮 ：单击该按钮，可以增加所选中的文本或插入点所处段落的缩进量。

③ "中文版式"按钮 ：单击该按钮，可以通过弹出的下拉菜单中的命令设置中文版式及字体的缩放。

④ "两端对齐"按钮 ：单击该按钮，可以使所选中的文本或插入点所处段落的文字两端对齐，并根据需要增加字间距。

⑤ "分散对齐"按钮：单击该按钮，可以使所选中的文本或插入点所处段落的文字分散对齐，也就是使一行内的文字都均匀地分布在左右页边距之间。

⑥ "行距"按钮：单击该按钮，可以对行的间距进行设置。

⑦ "边框"按钮：单击该按钮，可以对所选中的内容添加或删除边框。

（3）通过"段落"对话框设置段落格式。

单击"段落"选项组右下角的"对话框启动器"按钮，打开"段落"对话框，在该对话框中可以对段落进行更多的格式设置。

对于段落中的左右缩进、首行缩进及悬挂缩进等，也可以在"视图"选项卡中勾选"标尺"复选框显示标尺栏，如图 2-38 所示，直接通过标尺栏进行设置，方法是：将插入点放到需要进行设置的段落中，将鼠标指针指向标尺上的缩进按钮后，按住鼠标左键不放，拖动鼠标，即可进行相应的设置。

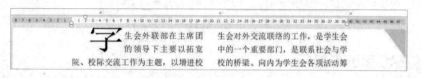

图 2-38　标尺栏

提示：首行缩进是指段落内只有第一行由左向右缩进，其他行不变。悬挂缩进是指段落内除第一行以外，其余的行由左向右缩进。

5. 首字下沉与分栏设置

首字下沉与分栏是常用的段落修饰格式，这两种设置格式常用在报纸、杂志、宣传册的排版设计中。单击"插入"选项卡的"部件"选项组中的"首字下沉"按钮，打开"首字下沉"对话框，如图 2-39 所示。在该对话框的"选项"选区中，"字体"下拉列表用于设置每段首字的字体，"下沉行数"数值框用于设置首字的大小，"距正文"数值框用于设置每段首字右侧与正文之间的距离。

图 2-39　"首字下沉"对话框

单击"页面"选项卡的"页面设置"选项组中的"分栏"下拉按钮，在弹出的下拉菜单中选择"更多分栏"命令，打开"分栏"对话框，如图 2-40 所示，在该对话框中可以设置栏数、每栏的宽度、栏间距等。

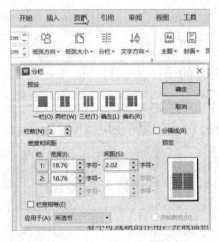

图 2-40 　"分栏"对话框

6. 文档打印及页面设置

文档编辑完成以后，通常要将文档打印出来。在打印之前，应先对文档进行打印预览，根据预览情况进行相应的页面设置。

（1）打印预览及页面设置。

打印预览功能可使用户在屏幕上预览到文档实际打印的效果，并根据预览情况对纸张方向、打印方式、打印范围等进行设置，从而确保有一个良好的打印效果。

选择"文件"菜单的"打印"子菜单中的"打印预览"命令，打开打印预览窗口，如图 2-41 所示。

图 2-41 　打印预览窗口

打印预览窗口的"打印设置"窗格中的部分项说明如下。

① "打印机"下拉列表 [HP LaserJet Pro MFP M... ∨]：设置不同类型的打印机。

② "纸张信息"下拉列表 [A4(210mm x... ∨]：设置纸张的大小。

③ "纸张方向"按钮 [□ 纵向　□ 横向]：设置纸张的方向。

④ "打印方式"下拉列表 [单面打印　　　　∨]：设置打印的方式（单面打印或双面打印）。

⑤ "打印范围"下拉列表 [全部　　　　　∨]：设置打印的范围。当在该下拉列表中选择"指定页码"选项时，需要在该下拉列表下面的"指定页码"文本框 [指定页码　　　　　 ⓘ] 中输入要打印的页码。

⑥ "页边距"下拉列表 [普通　　∨]：设置打印的页边距。

⑦ "打印(Enter)"按钮 [　　　打印 (Enter)　　∨]：单击该按钮，可以直接打印文档。

在打印预览窗口的左侧可以直接看到页面排版预览效果，当文档为多页时还可以翻页预览，同时可以设置预览时查看的比例。

（2）打印文档。

打印预览后，如果确认文档的内容及格式正确无误，就可以打印了。打印前要确认打印机和计算机已正确连接。打印文档的方法有以下 4 种：

① 选择"文件"菜单的"打印"子菜单中的"打印"命令，在弹出的"打印"对话框中选择打印机、设置打印范围和打印份数等，单击"确定"按钮，即可打印文档。

② 单击快速访问工具栏中的"打印"按钮，在弹出的"打印"对话框中选择打印机、设置打印范围和打印份数等，单击"确定"按钮，即可打印文档。

③ 按 Ctrl+P 组合键，在弹出的"打印"对话框中选择打印机、设置打印范围和打印份数等，单击"确定"按钮，即可打印文档。

④ 在打印预览窗口的"打印设置"窗格中单击"打印(Enter)"按钮，即可打印文档。

举一反三　制作委托函件

制作"关于商洽委托代培涉外秘书人员的函"

某集团公司新近招聘了一批涉外办事处的秘书人员，但这些人员的相关办公水平与涉外经验不足，需找一所大学对这些人员进行技能培训，提升他们的知识技能。该公司现在需向某大学发一封请求代为委培的函件，要求在 WPS 文字中制作该函件，并将其保存在 D 盘的"工作目录"文件夹中（该文件夹自己建立），设置保存格式为.docx 格式。

要求：设置标题文字的格式为"宋体、小二号、加粗、居中"，正文最后落款和日期的格式为"黑体、四号、右对齐"；设置正文其他部分的格式均为"仿宋体、四号"，正文的段前间距为 0.5 行，段后间距为 0 行，正文的行距为固定值，设置值为 25.0 磅，各段首行缩进两个字，其他效果根据如图 2-42 所示的参考样张进行设置。可以使用不同的方法设置字体、字号及段落的格式，在制作过程中注意随时保存。

图 2-42　"关于商洽委托代培涉外秘书人员的函"的参考样张

提示：函的结构和写法如下所述。

1）标题

函的标题一般由发文机关、事由和文种构成，有时也可只由事由和文种构成。

2）正文

① 开头：写行文的缘由、背景和依据。

一般来说，去函的开头可以说明根据上级的有关指示精神，或者简要叙述本地区、本单位的实际需要、疑惑和困难等。

复函的开头引用对方来文的标题及发文字号，有的复函还简述来函的主题，这与批复的写法基本相同，有的复函以"现将有关问题复函如下"一类文种承启语引出主体事项，即答复意见。

② 主体：写需要商洽、询问、答复、联系、请求批准或答复审批及告知的事项。

去函和复函的事项一般都比较单一，可与行文缘由合为一段。如果事项比较复杂，则分条列项书写。

③ 结语：不同类型的函的结语有别。如果行文只是告知对方事项而不必对方回复，则结语常用"特此函告"或"特此函达"；如果要求对方复函，则结语常用"盼复""望函复""请即复函"等。

拓展知识及训练

【拓展知识】"审阅"选项卡的使用

1. "审阅"选项卡中的字数统计工具

（1）在输入内容时统计字数。在文档内输入内容的过程中，WPS 文字会自动统计文档中的页数和字数，并将其显示在工作界面底部的状态栏中。

（2）统计一个或多个选择区域中的字数。选中要统计字数的文本，可以统计一个或多个选择区域中的字数，各个选择区域无须彼此相邻。在选中要统计字数的文本后，状态栏中将显示选择区域中的字数。例如，"117/16335"表示选择区域中的字数为 117，该文档中的总字数为 16335。

（3）统计文本框中的字数。在选中文本框中的文本后，状态栏中将显示文本框中的字数。例如，"231/16635"表示该文本框中的字数为 231 个字，该文档中的总字数为 16335 个字。要统计多个文本框中的字数，可以在按住 Ctrl 键的同时选中每个要统计字数的文本框中的文本。字数统计自动累加各个文本框中所选文本的字数。

（4）统计文档中总的页数、字符数、段落数。在"审阅"选项卡的"校对"选项组中，单击"字数统计"按钮，在弹出的"字数统计"对话框内会显示文档中的页数、段落数、非中文单词数，以及包括或不包括空格的字符数。如果勾选该对话框中的"包括文本框、脚注和尾注"复选框，则字数统计中会包含文本框、脚注和尾注中的所有文本的数量。

2."审阅"选项卡中的修订工具

在文档被修改后，如果想让修改的过程被最初的编辑者或其他编辑者看到，则可以使用 WPS 文字中的修订工具。

（1）修订工具可以跟踪对文档所进行的所有修改，包括修改格式、插入文本和删除文本等，并将修改的过程以不同颜色或修订框的形式显示在文档中，分别是修改格式、插入文本和删除文本后修订跟踪并显示的效果。

（2）修订有打开和关闭两种状态，在"审阅"选项卡的"修订"选项组中单击"修订"按钮，该按钮呈深色显示，修订状态打开，这时对文档进行的所有操作均会被跟踪并记录下来，当再次单击"修订"按钮时，该按钮呈正常状态显示，修订状态关闭，这时对文档进行任何更改都不会被做出标记。

（3）对修订过的文档，可以通过单击"审阅"选项卡的"更改"选项组中的"接受"或"拒绝"按钮（或者在修改过的位置右击，在弹出的快捷菜单中选择"接受"或"拒绝"命令），对修改过的内容进行确认更改或取消更改保留原内容。在接受或拒绝修订后，修订标记会消失。

【拓展训练】

1. 统计"社团招募令"文档中的段落数和字符数。
2. 对"社团招募令"文档进行修订。

一、填空题

1. 在 WPS 文字中，新建空白文档的快捷键是_____。

2. 在 WPS 文字的编辑状态中，能设置文档行距的按钮位于_____选项卡中。

3. 在 WPS 文字中，能够实现文本替换功能的按钮所在的选项卡是_____。

4. 在 WPS 文字中，要选中文本中不连续的两个文字区域，应在拖动鼠标前按住不放的键是_____。

5. 在 WPS 文字中，要使用"格式刷"按钮，应该先选择_____选项卡。

二、单选题

1. 在 WPS 文字中，要调整文本行距，应单击（　　）。
   A．"格式"选项卡的"字体"选项组中的"行距"下拉按钮
   B．"插入"选项卡的"段落"选项组中的"行距"下拉按钮
   C．"开始"选项卡的"段落"选项组中的"行距"下拉按钮
   D．"格式"选项卡的"段落"选项组中的"行距"下拉按钮

2. 在 WPS 文字中，用户同时编辑多个文档，要一次将它们全部保存，应（　　）。
   A．按住 Shift 键，并选择"文件"菜单中的"全部保存"命令
   B．按住 Ctrl 键，并选择"文件"菜单中的"全部保存"命令
   C．直接选择"文件"菜单中的"另存为"命令
   D．按住 Alt 键，并选择"文件"菜单中的"全部保存"命令

3. 在使用 WPS 文字进行文字编辑时，下面叙述中错误的是（　　）。
   A．WPS 文字可将正在编辑的文档另存为一个纯文本（.txt）文件
   B．使用"文件"菜单中的"打开"命令可以打开一个已存在的文档
   C．在打印预览时，打印机必须是已经开启的
   D．WPS 文字允许同时打开多个文档

4. WPS 文字的页边距可以通过（　　）设置。
   A．页面视图下的标尺
   B．"格式"选项卡中的"段落"选项组
   C．"页面"选项卡的"页面设置"选项组中的"页边距"下拉按钮
   D．"工具"选项卡中的"选项"选项组

5．能显示页眉和页脚的视图模式是（　　　）。

  A．普通视图　　　　B．页面视图　　　　C．大纲视图　　　　D．全屏幕视图

三、操作题

将本书的前言部分中的内容输入计算机，并保存为"前言.docx"。

要求如下：

（1）将标题"前言"的字体设置为黑体，将字号设置为小三，将格式设置为居中对齐、1.5 倍行距、段后间距为 0.5 行。

（2）将正文中的所有段落的格式设置为首行缩进 2 字符、1.5 倍行距、两端对齐。

（3）在页面底端插入页码，居中显示。

（4）将纸型设置为 16 开。

（5）保存文档并关闭应用程序。

第 3 章

WPS 文字文档的格式化——制作中小学生安全知识手册

本章重点掌握知识

1. 样式的使用。
2. 目录与封面的制作。
3. 页眉和页脚的设置。
4. 分隔符、边框与底纹的设置。

任务描述

某市教育系统正在开展中小学生安全教育周的活动，为了对广大中小学生进行宣传教育，需要制作一个简单的中小学生安全知识手册，包括临危逃生的基本原则、家庭安全、学校安全、户外安全、心理健康与人身安全及地震救护等内容，通过这个手册让广大中小学生对安全知识有一个初步的了解和认识。要求在 WPS 文字中制作这个中小学生安全知识手册，然后将其保存在 D 盘的"工作目录"文件夹中，并设置文件名为"中小学生安全知识手册"，设置保存格式为.docx 格式。

中小学生安全知识手册的参考样张如图 3-1～图 3-3 所示。

图 3-1　中小学生安全知识手册的参考样张 1

图 3-2　中小学生安全知识手册的参考样张 2

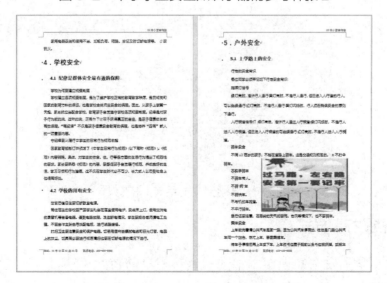

图 3-3　中小学生安全知识手册的参考样张 3

在制作过程中，要注意文字格式、行距、段前间距和段后间距的设置，掌握首字下沉、分栏、边框和底纹、页眉和页脚等的设置方法，并达到灵活运用的目的。

操作步骤

1. 输入并保存文档的内容

（1）启动 WPS 文字，新建一个文档，单击快速访问工具栏中的"保存"按钮，在弹出的"另存为"对话框中设置保存位置为 D 盘的"工作目录"文件夹，文件名为"中小学生安全知识手册"，如图 3-4 所示，单击"保存"按钮，对该文档进行保存。

图 3-4　保存文档

（2）在文档编辑区中输入中小学生安全知识手册的内容，在输入的过程中，注意单击快速访问工具栏中的"保存"按钮或按 Ctrl+S 组合键，对文档进行即时保存。

（3）内容输入完成后，效果如图 3-5 所示。

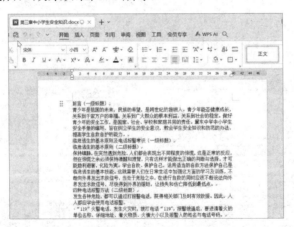

图 3-5　内容输入完成后的效果

2. 设置文档的标题样式

（1）选中中小学生安全知识文本中的一级标题"前言(一级标题)"，在"开始"选项卡的"样式"选项组的样式列表中选择"标题 1"选项，效果如图 3-6 所示。使用同样的方法，将文档中其他的一级标题的样式都设置为"标题 1"样式，效果如图 3-7 所示。

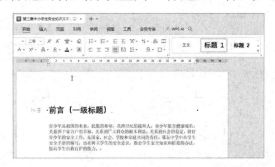

图 3-6　将一级标题"前言（一级标题）"的样式设置为"标题 1"样式后的效果

图 3-7　将所有的一级标题的样式都设置为"标题 1"样式后的效果

（2）设置二级标题的样式。选中"临危逃生的基本原则及电话报警常识(一级标题)"标题下的二级标题"临危逃生的基本原则(二级标题)"，在"样式"选项组的样式列表中选择"标题 2"选项，将该二级标题的样式设置为"标题 2"样式。使用同样的方法，将文档中其他的二级标题的样式都设置为"标题 2"样式，效果如图 3-8 所示。

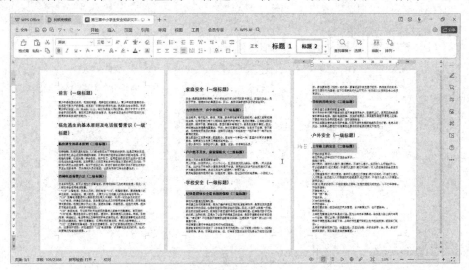

图 3-8　将所有的二级标题的样式都设置为"标题 2"样式后的效果

（3）按住 Ctrl 键，选中文档内的所有一级标题后右击，在弹出的快捷菜单中选择"项目符号和编号"命令，打开"项目符号和编号"对话框，选择"多级编号"选项卡，在列表框内选择第二行横向第二个样式，如图 3-9 所示，单击"确定"按钮。

（4）按住 Ctrl 键，选中文档内的所有二级标题后右击，在弹出的快捷菜单中选择"项目符号和编号"命令，打开"项目符号和编号"对话框，选择"多级编号"选项卡，在列表框内选择第二行横向第二个样式，如图 3-10 所示，单击"确定"按钮。

图 3-9　设置一级标题编号　　　　　　　　图 3-10　设置二级标题编号

（5）在设置多级编号时，注意提前设置标题的样式和级别，在编号时选中"多级编号"选项卡的"列表编号"选区中的"继续前一列表"单选按钮，编号会自动连续上一级列表，如果想更改列表级别或编号起始值等参数，则可以单击"项目符号和编号"对话框的"多级编号"选项卡中的"自定义"按钮，在弹出的"自定义多级编号列表"对话框中进行设置。标题样式设置完成后的效果如图 3-11 所示。

图 3-11　标题样式设置完成后的效果

3. 设置段落格式

（1）选中正文段落文本，在"开始"选项卡的"字体"选项组中设置字体为幼圆，字号为小四号，单击"段落"选项组右下角的"对话框启动器"按钮，打开"段落"对话框，在"行距"下拉列表中选择"1.5 倍行距"选项，设置文本之前缩进 2 字符，如图 3-12 所示。

（2）选中设置好格式的正文首段文字，双击"开始"选项卡的"剪贴板"选项组中的"格式刷"按钮，然后选中其他要设置此格式的段落，将其他段落的格式都设置为"幼圆、小四号、首行缩进 2 字符、1.5 倍行距"。

图 3-12　设置段落格式

4. 插入图片并设置文字的环绕方式

（1）将光标放置在要插入图片的位置，单击"插入"选项卡的"常用对象"选项组中的"图片"下拉按钮，在弹出的下拉菜单中选择"本地图片"命令，在打开的"插入图片"对话框中选择要插入的图片"安全第一"，单击"打开"按钮，即可将图片插入当前文档，效果如图 3-13 所示。

图 3-13　插入图片后的效果

（2）设置文字的环绕方式。图片默认以嵌入式的方式插入文档。在选中插入的图片后，功能区中会多出一个"图片工具"选项卡，单击该选项卡的"排列"选项组中的"环绕"

下拉按钮，通过弹出的下拉菜单中的命令即可设置文字的环绕方式，如图 3-14 所示。

　　或者在选中图片后右击，通过弹出的快捷菜单的"文字环绕"子菜单中的命令，可以快速设置文字的环绕方式，如图 3-15 所示。

图 3-14　通过选项组设置文字的环绕方式　　图 3-15　通过右键快捷菜单设置文字的环绕方式

　　（3）使用同样的方式将其他 3 张图片插入合适的位置，并自行设置文字的环绕方式。

5. 目录的制作

　　（1）将光标停放到文档第一行的第一个字之前，即"前言"文本之前，单击"插入"选项卡的"页"选项组中的"分页"下拉按钮，在弹出的下拉菜单中选择"分页符"命令，这时会在光标当前停留的位置重新开始新的一页，这个新的空白页面将作为目录页。

　　（2）将光标停放在新插入页面的起始位置，单击"引用"选项卡的"目录"选项组中的"目录"下拉按钮，在弹出的下拉菜单中，当将鼠标指针移动到"自动目录"组内的选项上时，WPS 文字会自动创建一个目录格式列表，如图 3-16 所示，选择该选项后，会自动生成目录，如图 3-17 所示。

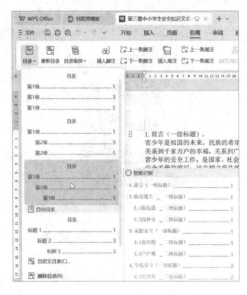

图 3-16　目录格式列表

图 3-17　自动生成的目录

（3）选中目录页中的"目录"这一行，设置对齐方式为居中对齐，字体为黑体，字号为二号，字体颜色为蓝色；选中目录中的其他文字，设置字体为宋体，字号为四号，效果如图 3-18 所示。

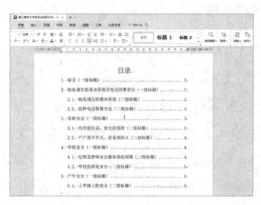

图 3-18　设置目录格式后的效果

6. 封面的制作

（1）将光标停放在目录页中，单击"插入"选项卡的"页"选项组中的"封面"下拉按钮，在弹出的下拉菜单中，选择"稻壳封面页"组中"免费"选项卡内的"环保手册"封面模板，如图 3-19 所示。

图 3-19　选择"环保手册"封面模板

（2）此时封面会自动插入文档，对封面的标题文字、日期、格式、位置进行设置，效果如图3-20所示。这样，封面就制作完成了。

图3-20　封面的效果

7.　页眉、页脚与页码的制作

（1）单击"插入"选项卡的"页"选项组中的"页眉页脚"按钮，功能区中会增加一个"页眉页脚"选项卡，同时文档进入设置页眉与页脚状态，在页眉的文本框内输入文本"XXX中小学宣传部"，并设置其格式为"黑体、小五号、右对齐"。

（2）在页脚的文本框中输入文本"地址：XX市XX区XX路XX号联系电话：400-600-8888"，并设置其格式为"黑体、小五号、左对齐"。

（3）页眉和页脚设置完成后，效果如图3-21所示。单击"页眉页脚"选项卡的"关闭"选项组中的"关闭"按钮，或者双击正文中的任意位置，即可回到正文编辑状态。

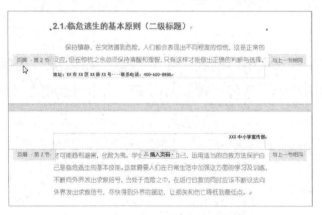

图3-21　页眉和页脚设置完成后的效果

（4）将光标放置在"前言"这一页，单击"插入"选项卡的"页"选项组中的"页码"下拉按钮，在弹出的下拉菜单中选择"页码"命令，打开"页码"对话框，在"位置"下拉列表中选择"底端居右"选项，在"页码编号"选区内选中"起始页码"单选按钮，在右侧的数值框中设置数值为1，在"应用范围"选区内选中"本页及之后"单选按钮，如图3-22所示。单击"确定"按钮后，页码会从本页自动编排到文档的最后一页，再次单击"插入"选项卡的"页"选项组中的"页眉页脚"按钮，文档进入设置页眉与页脚状态，选中页码文本，设置其字号为小四，如图 3-23 所示。

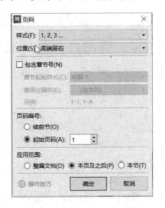

图 3-22　"页码"对话框

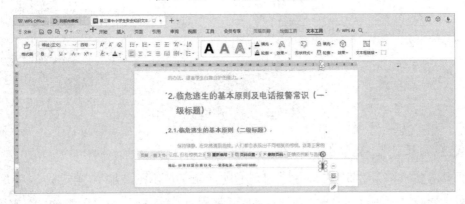

图 3-23　设置页码文本的字号

（5）页眉、页脚和页码制作完成后，单击快速访问工具栏中的"保存"按钮或按 Ctrl+S 组合键，对文档进行保存。

知识解析

1. 样式及样式的使用

1）样式的定义及应用

样式是经过特殊打包的一组定义好的格式的集合，包括字体格式或段落格式。例如，一个样式既包含字体、字形、字号等格式，也包含行距、段前间距和段后间距等格式，一次应用就可以设置多种格式。样式可以反复使用，使用样式可以大大提高文档格式设置的效率。

在 WPS 文字中，不但可以便捷地应用某个特定样式，还可以选择应用一组样式，一组样式可能包含多种标题级别、正文文本、引用和标题的样式，这些样式共同工作，以创建为特定用途而设计的样式一致、整齐美观的文档。

应用样式的操作步骤如下：

（1）选中要应用样式的文本，如果要将段落更改为某种样式，则也可以只单击该段落中的任意位置。

（2）在"开始"选项卡的"样式"选项组的样式列表中，选择所需的样式选项即可。例如，要设置文本的样式为标题样式，则选择样式列表中的某个标题样式即可。单击样式列表右侧的下拉按钮，在弹出的下拉菜单的"预设样式"组中可以看到更多样式，如图 3-24 所示。

图 3-24　"预设样式"组

2）样式的创建、修改及清除

（1）有时需要一些新的样式，可以自动创建样式并将其添加到样式列表中。首先选中文本，设置好其格式，如将文本的格式设置为"黑体、三号、蓝色、加粗"，单击"开始"选项卡的"样式"选项组中的样式列表右侧的下拉按钮，在弹出的下拉菜单中选择"新建样式"命令，打开"新建样式"对话框，在"名称"文本框中输入一个样式名称，然后单击"确定"按钮。新创建的样式的名称就会显示在样式列表中，以后可以反复使用该样式。

（2）如果需要更改样式中的某个属性，则可以右击"开始"选项卡的"样式"选项组中的样式列表内某个样式的名称，在弹出的快捷菜单中选择"修改样式"命令，在弹出的"修改样式"对话框中对样式的某个属性进行修改，如图 3-25 所示。

图 3-25　"修改样式"对话框

（3）在"开始"选项卡的"样式"选项组中，单击样式列表右侧的下拉按钮，在弹出的下拉菜单中选择"清除格式"命令即可清除样式。

🎓 **提示**：将鼠标指针放在样式列表中要选择的样式选项上，可以预览所选中的文本应用该样式后的外观。

2. 目录与封面

1）创建目录

（1）通过选择需要包括在目录中的标题样式（如"标题 1"和"标题 2"样式）来创建目录。

WPS 文字提供了一个预设样式库，其中有多种样式可供选择。标题样式应用于标题的格式设置。WPS 文字中有 9 个不同的内置标题样式："标题 1"～"标题 9"。在正在编辑的文档标题中，根据标题层级依次选择这 9 种不同标题样式后，通过自动目录创建功能即可创建包含不同级别的目录。

（2）使用自定义样式创建目录。

如果已将自定义样式应用于标题，则可以使用该自定义样式创建目录。操作步骤如下：

① 在要插入目录的位置单击，在"引用"选项卡的"目录"选项组中单击"目录"下拉按钮，在弹出的下拉菜单中选择"自定义目录"命令。

② 在打开的"目录"对话框中单击"选项"按钮，打开"目录选项"对话框，在列表框的"有效样式"列内，查找应用于文档中标题的样式，如图 3-26 所示。

图 3-26　插入自定义目录方式

③ 在样式名右侧的"目录级别"列内的文本框中输入 1～9 中的一个数字，表示希望标题样式对应的目录级别。

④ 如果想要仅使用自定义样式，则删除内置标题样式的目录级别数字，如"标题 1"。

⑤ 对每个要包括在目录中的标题样式重复步骤②。

⑥ 设置完成后，单击"确定"按钮。

（3）更新目录。

如果添加或删除了文档中的标题或其他目录项，则快速更新目录的操作步骤是：在"引用"选项卡的"目录"选项组中单击"更新目录"按钮，在弹出的"更新目录"对话框内，选中"只更新页码"或"更新整个目录"单选按钮。

（4）删除目录。

在"引用"选项卡的"目录"选项组中单击"目录"下拉按钮，在弹出的下拉菜单中选择"删除目录"命令即可删除目录。

2）创建封面

封面的创建比较简单，WPS文字提供了一个内置的封面样式库，在使用时，只需选择某个封面样式即可。用户也可以将自己设计的封面格式保存为封面样式，方便使用。

3. 页眉、页脚和页码

页眉和页脚是指那些分别出现在文档顶端和底端的信息，主要包括章节标题、文件名、作者姓名、页码、时间和日期等表示一定含义的内容，也可以包含图形图片。文档中既可以始终使用同一个页眉和页脚，也可以在文档的不同部分使用不同的页眉和页脚。页码既可以出现在页眉或页脚中，也可以放在页面的左右页边距的某个位置，还可以插入文档中间。

（1）页眉和页脚工作区。

页眉和页脚工作区包括文档页面顶端和底端，专门用于输入或修改页眉和页脚内容。在插入页眉或页脚后，这些区域将变成活动状态，而且可以进行编辑，系统会以虚线标记这些区域。在页眉和页脚工作区中添加页码、日期等信息时，它们会显示在所有页面上。在添加页码时，同一节内的页码会自动连贯，并且在页数更改时会自动更新。

（2）修改页眉或页脚。

在页眉和页脚添加完成后，如果要修改页眉或页脚，则可以单击"插入"选项卡的"页"选项组中的"页眉页脚"按钮，此时功能区中会增加一个"页眉页脚"选项卡，如图3-27所示，同时文档进入设置页眉与页脚状态，单击"页眉页脚"选项卡中的"页眉"或"页脚"下拉按钮，在弹出的下拉菜单中选择相应的编辑命令，则会分别进入页眉或页脚的编辑状态，在该状态下，可以对文本的格式等进行修改或插入新的内容。也可以直接双击页眉或页脚位置，分别进入页眉或页脚的编辑状态。

图 3-27 "页眉页脚"选项卡

（3）删除页眉或页脚。

如果要删除页眉或页脚，则可以单击"插入"选项卡的"页"选项组中的"页眉页脚"按钮，此时功能区中会增加一个"页眉页脚"选项卡，同时文档进入设置页眉与页脚状态，单击"页眉页脚"选项卡中的"页眉"或"页脚"下拉按钮，在弹出的下拉菜单中选择相应的删除命令，就可以分别删除页眉或页脚。也可以直接双击页眉或页脚位置，分别进入页眉或页脚的编辑状态，选中页眉或页脚的文本框中的内容后直接删除即可。

4. 分隔符

分隔符包括分页符、分节符等。单击"页面"选项卡的"结构"选项组中的"分隔符"下拉按钮，弹出的下拉菜单如图 3-28 所示。

图 3-28　"分隔符"下拉菜单

（1）分页符。在输入文档内容的过程中，WPS 文字会根据纸张大小和内容多少自动分页，但如果需要手动分页，则通过插入分页符来实现，可以在文档中的任意位置插入分页符，插入分页符后，分页符后面的文字会自动分布到下一页。

（2）分栏符。在文档中有分栏设置时，插入分栏符，可以使插入点后的文字移动到下一栏。

（3）换行符。插入换行符可以使插入点后的文字移动到下一行，但换行后的文字仍属于上一个段落。

（4）分节符。在同一个文档中，如果需要改变某一个页面或多个页面的版式或格式，则可以使用分节符。例如，页面中的分栏实际上是通过插入分节符来实现的。分节符还可以实现同一个文档中每部分的页码编号都从"1"开始，也可以通过插入分节符在同一个文档的不同页面中创建不同的页眉或页脚等。可插入的分节符有以下几种类型：

① 下一页分节符：用于插入一个分节符并在下一页开始新的一节。下一页分节符适用于在文档中开始有不同格式的新的一节。

② 连续分节符：用于插入一个分节符并在同一页上开始新的一节。连续分节符适用于在一页中实现一种格式更改，如分栏。

③ 偶数页或奇数页分节符：用于插入一个分节符并在下一个偶数页或奇数页开始新的一节，如要使文档中的偶数页或奇数页有不同的页眉或页脚等。

提示： 分隔符插入后，默认在屏幕上不显示，可以通过单击"开始"选项卡的"段落"选项组中的"显示/隐藏编辑标记"按钮来使其显示。

5. 边框和底纹

为了突出显示文档中的某些部分（如文本、段落或整个页面等），可以给它们添加边框或底纹。单击"页面"选项卡的"效果"选项组中的"页面边框"按钮，在弹出的"边框和底纹"对话框中可以对边框和底纹进行详细设置，如图 3-29 所示。

图 3-29 "边框和底纹"对话框

"边框和底纹"对话框中有"边框"、"页面边框"和"底纹"选项卡。

（1）"边框"选项卡。在该选项卡中既可以设置边框的类型为方框、阴影或其他，也可以设置边框的线条样式为实线、虚线、阴阳线等线型，还可以设置边框的颜色或宽度，通过"应用于"下拉列表可以选择是将边框应用于选中的文字，还是将边框应用于插入点所在的段落。

（2）"页面边框"选项卡。页面边框是针对整个页面添加边框，与文字和段落的边框不同的是，在该选项卡中可以对页面添加艺术型边框，效果如图 3-30 所示。

图 3-30 为页面添加艺术型边框后的效果

（3）"底纹"选项卡。在该选项卡中，可以对文字和段落添加底纹，并设置底纹颜色或样式图案。

（4）在"边框和底纹"对话框中选择"设置"列表中的"无"选项，可以将对应的边框删除。

某公司最近要赞助市级体育赛事，目的是向客户全面地介绍公司的企业文化、企业的产品，推广公司部门的优秀管理办法，给公司广大员工提供一个交流展示的平台。为此，该公司的总经理专门做了一个策划方案。这里只模拟制作目录、页眉、页脚、页码和图片插入等相关信息，要求在 WPS 文字中制作该策划方案，然后将其保存在 D 盘的"工作目录"文件夹中，并设置文件名为"体育赛事赞助策划方案"。

"体育赛事赞助策划方案"文档的参考样张如图 3-31 所示。

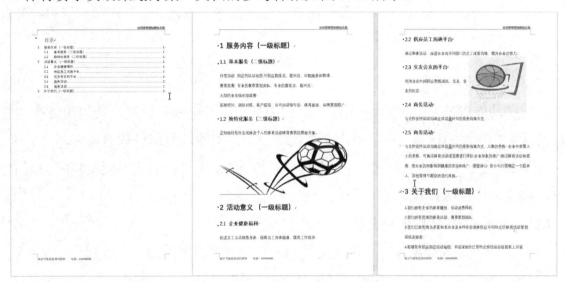

图 3-31　"体育赛事赞助策划方案"文档的参考样张

拓展知识及训练

【拓展知识】书签与超链接的使用

1. 书签

在阅读较长的文档时，为了方便确定阅读位置，可以插入书签来定位。

（1）插入书签。

插入书签的操作步骤如下：

① 将光标停放在浏览时所看的位置。

② 单击"插入"选项卡的"链接"选项组中的"书签"按钮，会弹出如图 3-32 所示的"书签"对话框，在该对话框的"书签名"文本框中输入书签的名称，单击"添加"按钮即可。

图 3-32　"书签"对话框

（2）书签的删除与定位。

"书签"对话框中的列表框内会列出所有书签的名称，选中任意一个书签的名称，单击"删除"按钮即可删除该书签。选中任意一个书签的名称，单击"定位"按钮，可快速将光标定位到该书签所在的位置。

2．超链接

超链接功能在 WPS Office 办公应用软件的各个组件中都有应用。使用超链接功能，可以实现文档内部的迅速定位、外部文档的调用、网络网址与邮件的引用等功能。

在 WPS 文字中，既可以创建同一文档内的超链接，也可以创建不同文档间的超链接，还可以创建链接到网页地址或电子邮件地址的超链接。

（1）创建同一文档内的超链接。

假定在某个文档的 A 处需要快速跳转到 B 处，可以使用书签。

① 将光标定位在 B 处，单击"插入"选项卡的"链接"选项组中的"书签"按钮，在弹出的"书签"对话框中设置书签的名称为"超链接"，单击"添加"按钮。

② 在 A 处，选中要创建超链接的文本或图片，单击"插入"选项卡的"链接"选项组中的"超链接"按钮，打开"插入超链接"对话框，如图 3-33 所示。

图 3-33　"插入超链接"对话框

在"链接到"列表中选择"本文档中的位置"选项，在右侧选中刚才在 B 处插入的书签的名称"超链接"，单击"确定"按钮。创建超链接的文本会变为蓝色，并添加下画线，按住 Ctrl 键后单击创建超链接的文本，即可快速跳转到 B 处。

🎓 **提示**：在"插入超链接"对话框中，不仅可以设置链接到书签，还可以设置链接到已经设置了样式的标题。

如果一个文档中插入了多个书签，则当想快速跳转到某个书签处时，操作步骤是：单击"开始"选项卡的"查找"选项组中的"查找替换"下拉按钮，在弹出的下拉菜单中选择"定位"命令，打开"查找和替换"对话框，在"定位"选项卡的"定位目标"列表框中选择"书签"选项，然后在"请输入书签名称"下拉列表中选择需要跳转的书签的名称，单击"定位"按钮即可。

（2）创建不同文档间的超链接。

① 创建链接到其他文档的超链接。

选中要创建超链接的文本或图片，单击"插入"选项卡的"链接"选项组中的"超链接"按钮，打开"插入超链接"对话框，先在"链接到"列表中选择"原有文件或网页"选项，如图 3-34 所示，然后在右侧列表中选择要链接的文件，也可以通过列表上方的下拉列表框来选择别处要链接的文件，单击"确定"按钮返回即可。

图 3-34　选择"原有文件或网页"选项

按住 Ctrl 键后单击创建超链接的文本或图片，即可启动与源文档相关联的应用程序，并打开源文档。

🎓 **提示**：如果 WPS 无法打开源文档，则在超链接设置完成后，系统会自动调用相关联的应用程序打开该文档。

将鼠标指针指向已经创建超链接的文本，右击，在弹出的快捷菜单中选择"编辑超链接"命令，打开"编辑超链接"对话框，在该对话框中可以对超链接进行修改。

② 创建链接到其他文档的指定位置的超链接。

如果 WPS 能够打开源文档，则可以直接链接到文档的指定位置。在"插入超链接"对话框中，选中要链接的文档，单击"书签"按钮，打开"在文档中选择位置"对话框，在该对话框的列表框内会列出当前文档中所有书签的名称，选中当前文档中指定位置的书签的名称，连续单击"确定"按钮，即可创建链接到该文档的书签位置的超链接。

（3）创建链接到网页地址或电子邮件地址的超链接。

在文档中输入网页地址或电子邮件地址后，按空格键或接着输入后续文本，系统会自动将相应的地址转换为超链接格式。此时，在联网状态下，如果按住 Ctrl 键后单击该网页地址，就可以启动系统默认的浏览器，打开相应的网页；如果按住 Ctrl 键后单击该电子邮件地址，就可以启动系统默认的电子邮件程序。

在"插入超链接"对话框的"链接到"列表中选择"电子邮件地址"选项，在右侧的"电子邮件地址"文本框中输入要链接的电子邮件地址，即可直接链接到电子邮件。

如果想取消某个超链接，则可以在输入网页地址或电子邮件地址后，按空格键或输入后续 1 个字符后直接按 Ctrl+Z 组合键；或者右击网页地址或电子邮件地址，在弹出的快捷菜单中选择"取消超链接"命令。

【拓展训练】

1. 用超链接方式插入书签，操作并观察效果。
2. 尝试为本章文档中的目录创建超链接，观察效果。

习 题

一、判断题

1. 在 WPS 文字中要删除分节符，必须转到阅读版式视图才能进行。 （ ）

2. WPS 文字中的查找功能只能查找字符串，不能查找格式。 （ ）

3. WPS 文字中不能实现英文字母的大小写互相转换。 （ ）

4. 在"页面设置"对话框中可以指定每页的行数。 （ ）

5. 在插入页码时，页码的编号只能从 1 开始。 （ ）

二、单选题

1. 下面关于页眉和页脚的叙述中错误的是（　　）。

　　A．在一般情况下，页眉和页脚适用于整个文档

　　B．奇数页与偶数页可以有不同的页眉和页脚

　　C．在页眉和页脚中可以设置页码

　　D．首页不能设置页眉和页脚

2. 要使文档中每段的首行自动缩进两个汉字，可以使用标尺上的（　　）。

　　A．左缩进标记 　　　　　　　　　B．右缩进标记

　　C．首行缩进标记 　　　　　　　　D．悬挂缩进标记

3. 如果要在当前文档中插入图片，则应先将光标移到插入位置，然后执行（　　）。

　　A．"插入"选项卡的"对象"选项组中的命令

　　B．"插入"选项卡的"插图"选项组中的命令

　　C．"设计"选项卡的"页面背景"选项组中的命令

　　D．"文件"菜单中的"新建"命令

4. 在 WPS 文字中，在正文中选定一个矩形区域的操作是（　　）。

　　A．先按住 Alt 键，然后拖动鼠标

　　B．先按住 Ctrl 键，然后拖动鼠标

　　C．先按住 Shift 键，然后拖动鼠标

　　D．先按住 Alt+Shift 组合键，然后拖动鼠标

5. 要输入下标，应进行的操作是（　　）。

　　A．插入文本框，缩小文本框中的字体，拖放于下标位置

　　B．单击"插入"选项卡的"部件"选项组中的"首字下沉"按钮

　　　C. 单击"开始"选项卡的"字体"选项组中的"下标"按钮

　　　D. WPS 文字中没有输入下标的功能

6. 在 WPS 文字中打印文档时，下列说法中不正确的是（　　　）。

　　　A. 在同一页中，可以同时设置纵向和横向两种页面方向

　　　B. 在同一文档中，可以同时设置纵向和横向两种页面方向

　　　C. 在打印预览时可以同时显示多页

　　　D. 在打印时可以指定打印的页面

7. 在编辑文档时，如果要看到页面的实际效果，则应采用（　　　）。

　　　A. 阅读版式视图　　　　　　　B. 页面视图

　　　C. 大纲视图　　　　　　　　　D. Web 版式视图

第 **4** 章

WPS 文字中表格的制作——制作 新生档案登记表

本章重点掌握知识

1. 表格的插入。
2. 表格内容的输入及格式的修改。
3. 表格的编辑和修改。
4. 表格的格式化。

任务描述

在新生报名时，学校会要求所有新报名的学生都填写一张新生档案登记表，以便教师根据资料初步掌握学生的一些基本信息，同时在新生报到时还需要将班级中所有学生的基本信息汇总到一张表格中，以便信息统计和核查；在开学之前还需要将各个班级的所有课程按照上课时间列在表格中，以便教师和学生查阅相关信息。WPS 文字提供的表格功能可以帮助学校实现这些操作。

新生信息汇总表的参考样张如图 4-1 所示，新生档案登记表的参考样张如图 4-2 所示。

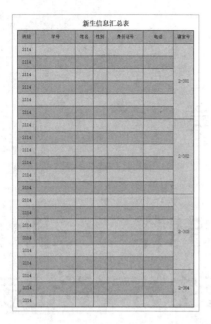

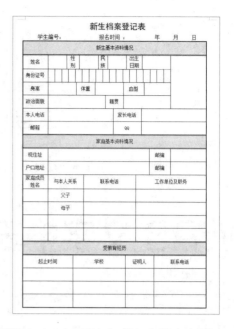

图 4-1　新生信息汇总表的参考样张　　　　图 4-2　新生档案登记表的参考样张

操作步骤

制作新生信息汇总表的操作步骤如下所述。

1. 插入表格

（1）新建空白文档，在文档编辑区中的首行输入标题"新生信息汇总表"。

（2）将光标移到下一行，单击"插入"选项卡的"常用对象"选项组中的"表格"下拉按钮，在弹出的下拉菜单的上部网格中拖动鼠标后单击，创建一个 8 行 7 列的表格，如图 4-3 所示。

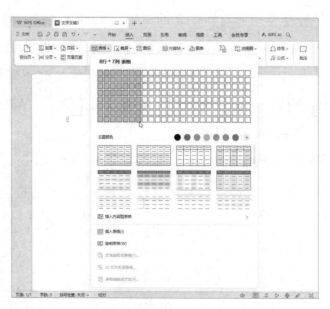

图 4-3　插入表格

（3）选择"文件"菜单中的"另存为"命令，在弹出的"另存为"对话框中设置保存位置为 D 盘中的"工作目录"文件夹，文件名为"新生信息汇总表"，单击"确定"按钮，对文档进行保存。

提示：单击"插入"选项卡的"常用对象"选项组中的"表格"下拉按钮，在弹出的下拉菜单的上部网格中拖动鼠标可以插入不大于 8 行 24 列的表格，如果表格的行数和列数大于该范围，则可以先插入一个行数和列数在该范围内的表格，然后通过插入行或列来达到要求；或者单击"插入"选项卡的"常用对象"选项组中的"表格"下拉按钮，在弹出的下拉菜单中选择"插入表格"命令，在打开的"插入表格"对话框中设置表格的行数和列数，从而插入需要的表格。

2. 输入表格内容及修改格式

在插入一个基本的表格后，需要对表格进行相应的行、列、单元格的增删及大小的调整等修改，才能制作完成最终需要的表格。当插入一个表格并将光标置于表格内时，功能区中会增加"表格工具"和"表格样式"选项卡，表格的相关操作按钮就包含在这两个选项卡中。

（1）在表格中输入文字，如图 4-4 所示。

新生信息汇总表						
班级	学号	姓名	性别	身份证号	电话	寝室号

图 4-4　在表格中输入文字

（2）选中表格中的第二行至第八行后右击，在弹出的快捷菜单中选择"插入"子菜单中的"在下方插入行"命令，如图 4-5 所示，或者在浮动工具栏中单击"插入"下拉按钮，在弹出的下拉菜单中选择"在下方插入行"命令，即可插入相同行数的行。

图 4-5　选择"插入"子菜单中的"在下方插入行"命令

（3）使用上述步骤（2）中的方法可以多次插入行或列，这里插入 14 行即可。如果插入的行或列过多，则可以选中多插入的行或列，在浮动工具栏中单击"删除"下拉按钮，在弹出的下拉菜单中选择"删除行"或"删除列"命令，如图 4-6 所示，即可删除选中的行或列。如果在图 4-6 所示的下拉菜单中选择"删除单元格"命令，则会弹出"删除单元格"对话框，如图 4-7 所示，在该对话框中可以根据需要进行设置。

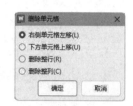

图 4-6　选择"删除行"或"删除列"命令　　　　图 4-7　"删除单元格"对话框

（4）将鼠标指针停留到表格最后一行的底部行线上，当鼠标指针变成拖动行线的形状时，按住鼠标左键不放，拖动鼠标至本页底部后释放鼠标左键，如图 4-8 所示。

（5）选中整个表格，单击"表格工具"选项卡的"单元格大小"选项组中的"自动调整"下拉按钮，在弹出的下拉菜单中选择"平均分布各行"命令，如图 4-9 所示，各行将按照页面大小自动平均分布。

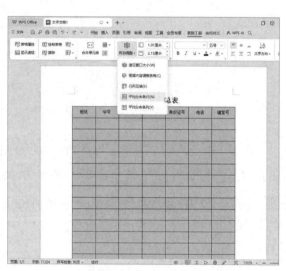

图 4-8　拖动表格行线　　　　　　　　　图 4-9　选择"平均分布各行"命令

（6）将鼠标指针停留在第一列与第二列之间的列线上，当鼠标指针变成拖动列线的形状时，按住鼠标左键不放，拖动鼠标，调整第一列的宽度。使用同样的方法改变其他列的宽度，效果如图 4-10 所示。

（7）参照图 4-1 所示的参考样张，选中"寝室号"列中的 6 个单元格，单击"表格工具"选项卡的"合并拆分"选项组中的"合并单元格"按钮，将选中的单元格合并成一个单元格。使用同样的方法将"寝室号"列中的其他几个单元格也进行合并，效果如图 4-11 所示。

图 4-10　改变表格中各列的宽度后的效果　　　图 4-11　合并"寝室号"列中的单元格后的效果

（8）在"班级"列中的单元格内输入班级号，在"寝室号"列中的单元格内输入寝室号，效果如图 4-12 所示。

（9）将光标定位到任意单元格中，单击表格左上角的表格选择按钮，选中整个表格，单击"表格工具"选项卡的"对齐方式"选项组中的"水平居中"和"垂直居中"按钮，将表格的单元格中的内容设置为水平居中和垂直居中，效果如图 4-13 所示。

图 4-12　输入班级号和寝室号后的效果　　　图 4-13　使单元格中的内容水平居中和垂直居中后的效果

3. 设置表格套用样式

（1）选择"表格样式"选项卡，单击"表格样式"选项组中的样式列表右侧的下拉按钮，打开表格样式列表，如图 4-14 所示，在表格样式列表中选择一种表格样式，表格将自动套用该样式，自动设置表格的边框、颜色、底纹等效果。

（2）如果设置的样式没有表格框线，则选中整个表格，单击"表格样式"选项卡的"表格样式”选项组中的“边框”下拉按钮，通过弹出的下拉菜单中的命令即可给表格加上对应的框线，如图 4-15 所示。

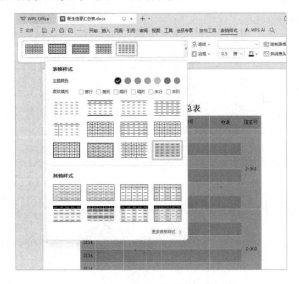

图 4-14　打开表格样式列表

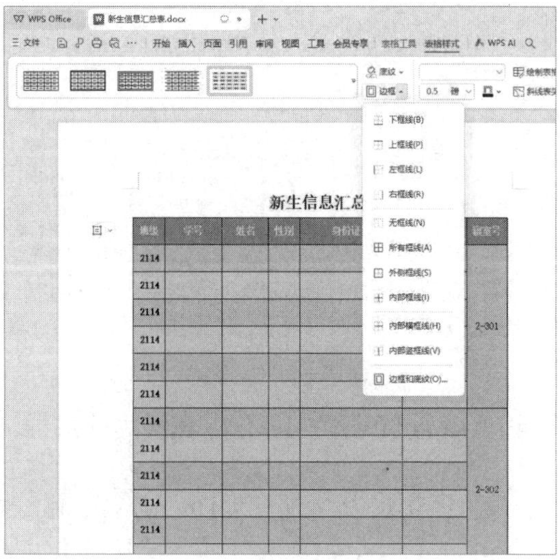

图 4-15　给表格加框线

（3）根据需要可对表格进行微调，新生信息汇总表的最终效果如图 4-16 所示。

新生信息汇总表

班级	学号	姓名	性别	身份证号	电话	寝室号
2114						2-301
2114						
2114						
2114						
2114						
2114						
2114						2-302
2114						
2114						
2114						
2114						
2114						
2114						2-303
2114						
2114						
2114						
2114						
2114						
2114						2-304
2114						
2114						

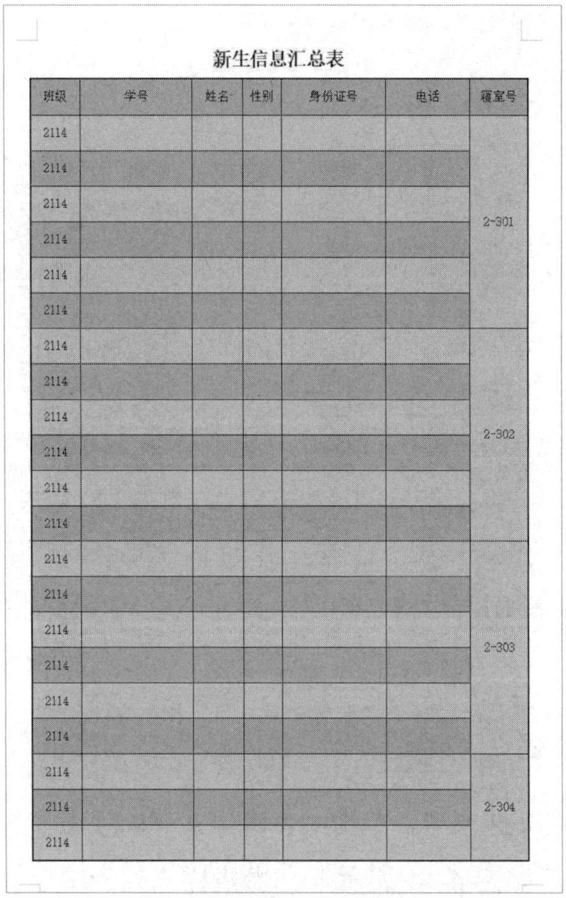

图 4-16　新生信息汇总表的最终效果

制作新生档案登记表的操作步骤如下所述。

1．插入表格

（1）新建空白文档，在文档编辑区中的首行输入标题"新生档案登记表"，在第二行输入"学生编号""报名时间""年""月""日"等信息。

（2）将光标移到下一行，单击"插入"选项卡的"常用对象"选项组中的"表格"下拉按钮，在弹出的下拉菜单中选择"绘制表格"命令，如图 4-17 所示，此时鼠标指针会变成铅笔形状。

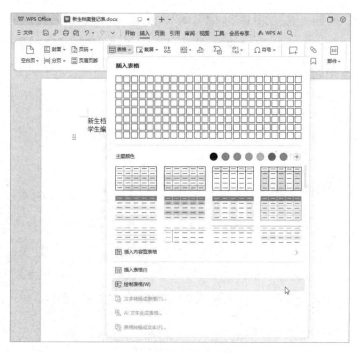

图 4-17　选择"绘制表格"命令

（3）拖动鼠标，使用铅笔绘制具有相应行数和列数的表格框架，按照图 4-2 所示的参考样张绘制出一个基本的表格，如图 4-18 所示。在使用铅笔绘制表格时，配合"表格工具"选项卡的"行和列"选项组中的"擦除"按钮，可以自由地绘制想要的表格。

图 4-18　使用铅笔绘制表格

2. 输入表格内容及修改格式

（1）将光标定位在表格中，单击"表格工具"选项卡的"行和列"选项组中的"擦除"按钮，在鼠标指针变成橡皮擦形状后，单击需要擦除的竖线，即可将其擦除。在表格制作过程中可以使用"擦除"按钮对单元格进行合并。

（2）单击"表格工具"选项卡的"行和列"选项组中的"绘制表格"按钮，在鼠标指针变成铅笔形状后，在第二行的单元格内画两条竖线，将单元格拆分成多个单元格。

（3）调整表格中列的宽度，将鼠标指针移动到表格中需要调整的框线上，当鼠标指针变成↔形状时，按住鼠标左键不放并拖动鼠标，改变表格中列的宽度。使用同样的方法调整其他列的宽度，效果如图 4-19 所示。

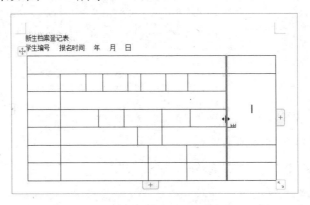

图 4-19　调整表格中列的宽度后的效果

（4）按照图 4-2 所示的参考样张，在表格的第一行单元格中输入文本"新生基本资料情况"，在第二行的第一个、第三个、第五个、第七个单元格中分别输入"姓名"、"性别"、"民族"和"出生日期"等文本，并调整列宽，效果如图 4-20 所示。

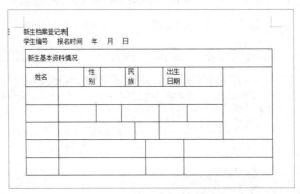

图 4-20　在表格中输入文本并调整列宽后的效果

（5）结合前面步骤（2）的操作，通过"表格工具"选项卡的"行和列"选项组中的"绘制表格"和"擦除"按钮，调整表格中单元格的大小，并按照图 4-2 所示的参考样张输入文本，效果如图 4-21 所示。

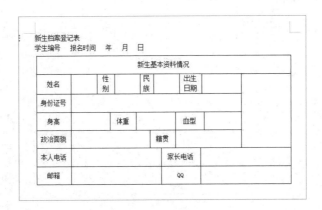

图 4-21　调整单元格大小并输入文木后的效果

（6）选中表格中第三行"身份证号"后的单元格，单击"表格工具"选项卡的"合并拆分"选项组中的"拆分单元格"按钮，在弹出的"拆分单元格"对话框中设置列数为 18，行数为 1，如图 4-22 所示，单击"确定"按钮，即可将该单元格平均分成 18 个单元格，用于输入身份证号码。

（7）在表格的下方插入行，选中"邮箱"这一行下面一行中的所有单元格，单击"表格工具"选项卡的"合并拆分"选项组中的"合并单元格"按钮，或者在选中的单元格上右击，在弹出的快捷菜单中选择"合并单元格"命令，如图 4-23 所示，将单元格合并。除使用"擦除"按钮以外，也可以使用上述两种方法合并单元格。

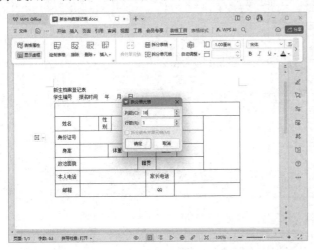

图 4-22　"拆分单元格"对话框

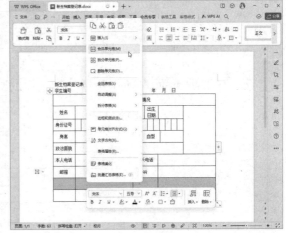

图 4-23　选择"合并单元格"命令

（8）继续使用"表格工具"选项卡的"行和列"选项组的"绘制表格"和"擦除"按钮，按照图 4-2 所示的参考样张分别对表格中的单元格进行拆分与合并。当表格的行数不够时，可将光标移动到最后一行的任意单元格内，单击"表格工具"选项卡的"行和列"选项组中的"插入"下拉按钮，在弹出的下拉菜单中选择"在下方插入行"命令，会自动在下面插入一个空白行。也可以在将光标移动到最后一行的任意单元格内以后，将鼠标指针移动到该行的左侧，会出现⊕按钮，如图 4-24 所示，单击该按钮即可添加一个空白行。

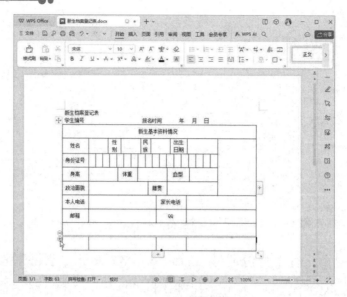

图 4-24　出现⊕按钮

（9）在调整好的表格中输入文字，效果如图 4-25 所示。

家庭基本资料情况					
现住址				邮编	
户口地址				邮编	
家庭成员姓名	与本人关系	联系电话		工作单位及职务	
	父子				
	母子				

图 4-25　调整单元格并输入文字后的效果

（10）根据前面的操作步骤，使用同样的方法设置单元格并输入文字，制作完成表格的最后一部分，效果如图 4-26 所示。

	母子			
受教育经历				
起止时间	学校		证明人	联系电话

图 4-26　表格的最后一部分制作完成后的效果

🎓 **提示**：单元格的拆分和合并通常有以下两种方法。

方法一：通过"表格工具"选项卡的"行和列"选项组中的"绘制表格"和"擦除"按钮，在相应单元格内画线和擦除线来分别实现单元格的拆分与合并。

方法二：通过"表格工具"选项卡的"合并拆分"选项组中的"拆分单元格"和"合并单元格"按钮来分别对单元格进行拆分与合并。

3．表格的格式化

表格的格式化包括表格中字体、行宽和列高的设置，以及单元格对齐方式和边框底纹的设置等。

（1）选中表格的标题"新生档案登记表"，设置格式为"黑体、小二号、居中对齐"，设置标题下面的"学生编号"这一行的格式为"宋体、小四号、居中对齐"。将光标定位到表格中，单击表格左上方的 ✛ 按钮，选中整个表格，设置字体格式为"宋体、五号"。

（2）将光标定位到表格中，单击表格左上方的 ✛ 按钮，选中整个表格，单击"表格工具"选项卡的"对齐方式"选项组中的"水平居中"按钮和"垂直居中"按钮，将表格的所有单元格中的内容设置为水平居中和垂直居中。

（3）选中表格中的各行，在"表格工具"选项卡的"单元格大小"选项组中的"表格行高"数值框内输入"1.00 厘米"，即将表格中各行的高度均设置为 1.00 厘米，效果如图 4-27 所示。

（4）单击"表格样式"选项卡的"绘制边框"选项组中的"线型"下拉按钮，打开预设的边框线型下拉列表，如图 4-28 所示，选择某种线型，鼠标指针会变成笔刷形状，用笔刷刷表格线，该表格线就会变成所选择的线型。同样地，单击"表格样式"选项卡的"绘制边框"选项组中的"线型粗细"下拉按钮，在弹出的下拉列表中可以设置所选线型的粗细。

图 4-27　设置表格中各行的高度后的效果　　　　图 4-28　预设的边框线型下拉列表

（5）使用步骤（4）的操作设置线型为双线，将表格中的"新生基本资料情况"行、"家庭基本资料情况"行、"受教育经历"行的边线设置为双线；设置线型为单线，设置线型粗细为"1.5 磅"，用画笔将整个表格的外框设置为粗线，效果如图 4-29 所示。

（6）选中表格内的"新生基本资料情况"行，单击"表格样式"选项卡的"表格样式"

选项组中的"底纹"下拉按钮，在弹出的下拉菜单中设置底纹颜色为"浅灰色"；使用同样的方法，将"家庭基本资料情况"行和"受教育经历"行的底纹颜色都设置为浅灰色。

（7）至此，整个表格制作完成，效果如图 4-30 所示，单击"保存"按钮对文档进行保存。

图 4-29　设置边框样式后的效果

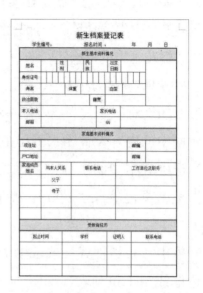

图 4-30　表格制作完成后的效果

知识解析

1. 插入表格

单击"插入"选项卡的"常用对象"选项组中的"表格"下拉按钮，在弹出的下拉菜单中可以选择插入表格的多种方法，如图 4-31 所示。

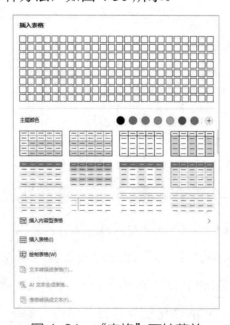

图 4-31　"表格"下拉菜单

（1）如果插入表格的行数与列数分别小于或等于 8 和 24，则可以在下拉菜单的上部网格中直接拖动鼠标选择表格的行数和列数，单击后即可插入具有相应行数和列数的表格。

（2）如果在下拉菜单中选择"插入表格"命令，则会弹出"插入表格"对话框，如图 4-32 所示，在该对话框中可以设置表格的行数与列数等信息。

图 4-32　"插入表格"对话框

（3）如果在下拉菜单中选择"绘制表格"命令，则鼠标指针会变为铅笔形状 ✎，这时拖动鼠标，即可在文档编辑区中使用铅笔绘制表格，如图 4-33 所示。

图 4-33　在文档编辑区中使用铅笔绘制表格

（4）如果选中满足条件的要转换成表格形式的文本，则在下拉菜单中选择"文本转换成表格"命令，在弹出的"将文字转换成表格"对话框中设置相应参数，即可将文本转换成表格。

🎓 **提示：** 当鼠标指针为铅笔形状 ✎ 时，是画表格线；当鼠标指针为橡皮擦形状 ⌫ 时，是擦除表格线。按 Esc 键，可退出表格绘制。

2. 编辑和修改表格

表格的编辑和修改包括表格内容的输入、行数与列数的增加和删除、单元格的合并与拆分、行高和列宽的参数设置等。

当新建一个表格后，功能区中会自动出现"表格工具"和"表格样式"选项卡。"表格工具"选项卡主要用于对表格的单元格、行、列及对齐方式等进行设置，"表格样式"选项卡主要用于对表格的样式、边框等进行设置。

（1）输入内容和清除内容。

将插入点定位在单元格中，即可在该单元格内输入内容，内容输入完成后，可通过鼠标或 Tab 键将插入点移到其他单元格中，继续输入内容。

清除表格中的内容是指清除表格中的文字，但保留表格线。先选中要清除内容的单元格，然后按 Delete 键；或者在选中的单元格中右击，在弹出的快捷菜单中选择"剪切"命令，即可删除单元格中的内容。

（2）选中单元格。

在表格中进行任何操作之前，都必须选中单元格、行或列，选中的方法有以下两种。

方法一：通过"表格工具"选项卡的"选择"选项组中的"选择"下拉按钮。

单击"表格工具"选项卡的"选择"选项组中的"选择"下拉按钮，在弹出的下拉菜单中选择相应的命令，如图 4-34 所示。

图 4-34   "选择"下拉菜单

- 选择"单元格"命令：选中插入点所在的单元格。

- 选择"列"命令：选中插入点所在的列。

- 选择"行"命令：选中插入点所在的行。

- 选择"表格"命令：选中插入点所在的整个表格。

方法二：通过鼠标操作。

- 将鼠标指针指向表格中某个单元格的左边，当鼠标指针变为 ◢ 形状时，单击可选中该单元格。

- 将鼠标指针指向表格中某行的左边，当鼠标指针变为 ◿ 形状时，单击可选中该行。

- 将鼠标指针指向表格中某列的上边线，当鼠标指针变为 ↓ 形状时，单击可选中该列。

- 将鼠标指针指向表格左上角的 ⊞ 按钮，当鼠标指针变为 ✥ 形状时，单击可选中整个表格。

（3）改变表格的行高和列宽。

改变表格的行高和列宽的常用方法有以下 3 种。

方法一：使用鼠标拖动表线。

● 将鼠标指针指向需移动的行线，当鼠标指针变为 ÷ 形状时，拖动鼠标可改变行高。

● 将鼠标指针指向需移动的列线，当鼠标指针变为 ╫ 形状时，拖动鼠标可改变列宽。

方法二：在"表格工具"选项卡的"单元格大小"选项组中的"表格行高"和"表格列宽"数值框内设置数值。

方法三：使用"表格属性"对话框。

单击"表格工具"选项卡的"属性"选项组中的"表格属性"按钮，打开"表格属性"对话框，在"表格"选项卡中可以设置表格的对齐方式、文字环绕方式等，如图 4-35 所示；在"行"选项卡中可以设置行高等，如图 4-36 所示；在"列"选项卡中可以设置列宽等，如图 4-37 所示；在"单元格"选项卡中可以设置单元格的大小、垂直对齐方式等，如图 4-38 所示。

图 4-35　"表格"选项卡

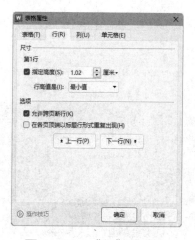

图 4-36　"行"选项卡

图 4-37　"列"选项卡

图 4-38　"单元格"选项卡

（4）添加行和列。

为表格添加行或列的常用方法有以下 5 种。

方法一：使用"表格工具"选项卡的"行和列"选项组中的按钮。

单击需要在其前或后插入行或列的单元格，然后单击"表格工具"选项卡的"行和列"选项组中的"插入"下拉按钮，在弹出的下拉菜单中选择相应的命令，即可为表格添加行或列。

方法二：使用右键快捷菜单中的"插入"命令。

选中需要在其前或后插入行或列的单元格，右击，在弹出的快捷菜单中选择"插入"子菜单中的相应命令，即可在当前单元格的上方、下方插入行或在其左侧、右侧插入列。

方法三：使用"插入单元格"对话框。

单击"表格工具"选项卡的"行和列"选项组右下角的"对话框启动器"按钮，在弹出的"插入单元格"对话框中可以进行插入单元格、行或列的操作，如图4-39所示。

方法四：使用浮动工具栏。

选中某行或列后，会弹出浮动工具栏，单击"插入"下拉按钮，在弹出的下拉菜单中选择相应的命令，如图4-40所示，即可在当前行的上方、下方插入行或在当前列的左侧、右侧插入列。

图4-39　"插入单元格"对话框

图4-40　"插入"下拉菜单

方法五：将鼠标指针指向表格中某行的左边或某列的上边，会出现⊕按钮，单击该按钮即可插入行或列。

（5）删除单元格、行、列或表格。

删除表格中的单元格、行、列或表格是指将表格中的单元格、行、列或整个表的内容和表线一起删除。

（6）合并与拆分单元格。

在制作表格的过程中，往往需要将两个或多个单元格合并为一个单元格，有时又需要将一个单元格拆分成多个单元格。合并与拆分单元格主要有以下两种方法。

方法一：使用"表格工具"选项卡中的按钮。

① 合并单元格：选中需要合并的多个单元格，然后单击"表格工具"选项卡的"合并拆分"选项组中的"合并单元格"按钮，即可实现单元格合并。

② 拆分单元格：首先选中需要拆分的单元格，然后单击"表格工具"选项卡的"合

并拆分"选项组中的"拆分单元格"按钮，在弹出的"拆分单元格"对话框中设置需拆分的行数和列数，最后单击"确定"按钮，即可实现单元格拆分。

方法二：使用快捷菜单中的命令。

① 合并单元格：选中需要合并的单元格，右击，在弹出的快捷菜单中选择"合并单元格"命令，即可实现单元格合并。

② 拆分单元格：将插入点定位到要拆分的单元格中，右击，在弹出的快捷菜单中选择"拆分单元格"命令，在弹出的"拆分单元格"对话框中设置需要拆分的行数和列数，单击"确定"按钮，即可实现单元格拆分。

（7）设置对齐方式。

对齐方式分为单元格对齐方式和表格对齐方式。单元格对齐方式指单元格中的文字相对于单元格边界的对齐方式；表格对齐方式指表格相对于页面的对齐方式。

① 设置单元格对齐方式。

选中要设置对齐方式的单元格，在"表格工具"选项卡的"对齐方式"选项组中选择需要的对齐方式。或者在选中要设置对齐方式的单元格后右击，在弹出的快捷菜单中选择"表格属性"命令，在弹出的"表格属性"对话框的"单元格"选项卡中选择需要的对齐方式。

② 设置表格对齐方式。

选中整个表格，在"开始"选项卡的"段落"选项组中选择需要的对齐方式。

（8）设置表格的边框和底纹。

设置表格的边框和底纹的方法通常有以下两种。

方法一：使用"边框和底纹"对话框。

选中需要设置的单元格，右击，在弹出的快捷菜单中选择"边框和底纹"命令，会弹出"边框和底纹"对话框。该对话框包括 3 个选项卡，其中"边框"选项卡用来设置表格边框的样式；"页面边框"选项卡用来设置当前文档页面的边框；"底纹"选项卡用来设置表格的底纹。

方法二：使用"表格样式"选项卡的"表格样式"选项组中的按钮。

单击"表格样式"选项卡的"表格样式"选项组中的"边框"和"底纹"下拉按钮，通过弹出的下拉菜单中的命令可以分别设置表格的边框和底纹。

举一反三　制作课程表和食堂满意度调查表

1. 制作课程表

学校在每学期开学之前，需要将各个班级的所有课程按照上课时间列在一个表格之中，以便教师和学生查阅上课时间及课程。现在需要设计一个课程表，由学校教务处的相关教师填写，然后将其保存在 D 盘的"工作目录"文件夹中，并设置文件名为"课程表"，参考样张如图 4-41 所示。

2. 制作食堂满意度调查表

学校为调查了解食堂管理、菜品及服务现状，以便针对性改进相关工作，持续提升师生就餐的满意度，需要设计一个食堂满意度调查表，然后将其保存在 D 盘的"工作目录"文件夹中，并设置文件名为"食堂满意度调查表"，参考样张如图 4-42 所示。

图 4-41 课程表的参考样张

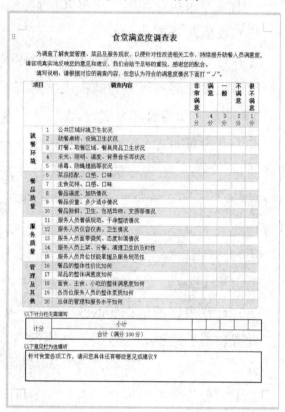

图 4-42 食堂满意度调查表的参考样张

拓展知识及训练

【拓展知识】文本与表格的相互转换

1. 将文本转换成表格

在特殊需求下，可以使用文本和表格之间的相互转换功能。

在 WPS 文字中，既可以将使用逗号、制表符或其他分隔符标记的有规律排列的文本转换成表格，也可以将表格转换成有规律排列的文本。将文本转换成表格的步骤如下：

（1）在文本中插入分隔符（如逗号或制表符），以指示将文本分成列的位置，使用段落标记指示新行的起始位置。

（2）选择插入分隔符的要转换成表格的文本。

（3）单击"插入"选项卡的"常用对象"选项组中的"表格"下拉按钮，在弹出的下拉菜单中选择"文本转换成表格"命令。

（4）打开"将文字转换成表格"对话框，在"表格尺寸"选区中设置表格的行数和列数，在"文字分隔位置"选区中设置列分隔符类型，单击"确定"按钮。

　提示：分隔符是指一些符号标记，如逗号、制表符、空格等，在将表格转换成文本时，用分隔符标识文字分隔的位置，或者在将文本转换成表格时，用分隔符标识新行或新列的起始位置。

2. 将表格转换成文本

将表格转换成文本的步骤如下：

（1）选择要转换成段落的行或表格。

（2）单击"表格工具"选项卡的"数据"选项组中的"转为文本"按钮，打开"表格转换成文本"对话框。

（3）在"文字分隔符"选区中设置要用于代替列边界的分隔符，各行默认用制表符分隔。

（4）单击"确定"按钮，表格就会被转换成文本，文本之间用选中的分隔符分隔。

【拓展训练】

1. 将下列文本转换成表格（文本之间是用空格分隔的）。

姓名　性别　出生年月　家庭住址　邮编　联系电话

刘斌　男　1980.10　河南郑州　450000　0371123456

李明明　女　1981.12　湖北武汉　430000　0731123456

2. 将下列表格转换成文本，文本列之间用逗号分隔。

姓名	性别	出生年月	家庭住址	邮编	联系电话
刘斌	男	1980.10	河南郑州	450000	0371123456
李明明	女	1981.12	湖北武汉	430000	0731123456

一、填空题

1. 在 WPS 文字中，可以使用_____选项卡的_____选项组的"表格"下拉菜单中的"插入表格"命令创建表格。

2. 通过"表格工具"选项卡的"行和列"选项组中的_____按钮和"擦除"按钮，可以在相应单元格内分别画线和删除线来实现单元格的拆分与合并。

3. 通过"表格工具"选项卡的"合并拆分"选项组中的_____按钮和_____按钮可以分别对单元格进行拆分与合并。

4. 单击"表格工具"选项卡的_____选项组中的_____下拉按钮，在弹出的下拉菜单中选择"表格"命令，可以选择整个表格；单击"表格工具"选项卡的"单元格大小"选项组中的"自动调整"下拉按钮，在弹出的下拉菜单中选择_____命令，各行将按照页面大小自动平均分布。

5. 从"表格样式"选项卡的"表格样式"选项组中的_____内进行相应选择，可以将表格自动套用系统默认的一种样式。

二、选择题

1. 在 WPS 文字中编辑文本时，可以用"插入"选项卡的"常用对象"选项组中的"表格"下拉按钮进行（　　）操作。

    A．文章分栏   B．插入表格

    C．嵌入图片   D．段落首行缩进

2. 如果插入表格的内外框线是虚线，则将光标放在表格中，通过（　　）可以将框线变成实线。

    A．"表格工具"选项卡的"单元格大小"选项组中的"自动调整"下拉按钮

    B．"表格样式"选项卡的"表格样式"选项组中的"边框"下拉按钮

    C．"插入"选项卡的"常用对象"选项组的"表格"下拉菜单中的"插入表格"命令

    D．"插入"选项卡的"常用对象"选项组中的"文本框"下拉按钮

3. 要在表格中绘制斜线表头，需要打开下列哪个选项卡？（　　）

    A．视图   B．插入

    C．表格工具   D．表格样式

4．如何在改变表格中某个单元格的宽度时，不影响其他列的宽度？（　　　）

    A．直接拖动某列的右边线

    B．直接拖动某列的左边线

    C．在选中某个单元格后，拖动某列的左、右边线

    D．在拖动某列右边线的同时按住 Ctrl 键

第 **5** 章

WPS 文字图文混排设计与制作
——制作俱乐部宣传页

本章重点掌握知识

1. 图片、剪贴画的插入与排版。
2. 艺术字与形状的使用。
3. 文本框与图表的使用。
4. SmartArt 图形与邮件合并。

任务描述

随着开学季的来临，在新生入学期间，学府体育俱乐部准备扩大宣传，在网站上进行俱乐部宣传的同时，还打算印制一张俱乐部宣传页在新生报到时进行发放。要求俱乐部宣传页图文并茂，一目了然，并且在 WPS 文字中制作，然后将其保存在 D 盘的"工作目录"文件夹中，设置文件名为"俱乐部"。

🎓 **提示：** 标题要用到艺术字和插入的形状来增加视觉效果，设置正文的字体格式为"微软雅黑、小四号"；插入多个文本框，分别用来输入公司的简介、企业文化、公司地址等相关信息；用自定义形状绘制地理位置图等。

俱乐部宣传页的参考样张如图 5-1 所示。

图 5-1　俱乐部宣传页的参考样张

操作步骤

1. 设置页面背景

打开 WPS 后，新建空白文档，将其保存在 D 盘的"工作目录"文件夹中。在"页面"选项卡中单击"背景"下拉按钮，在弹出的下拉菜单中选中要指定的颜色即可，如图 5-2 所示。

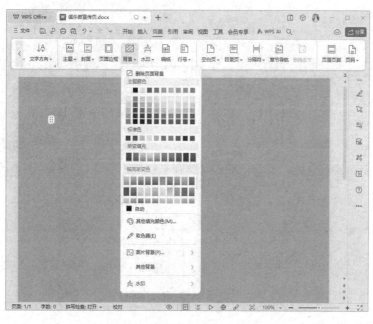

图 5-2　"背景"下拉菜单

2. 制作俱乐部标志

（1）单击"插入"选项卡的"常用对象"选项组中的"形状"下拉按钮，在弹出的下拉菜单的"基本形状"组中选择"椭圆"选项，如图 5-3 所示。在页面的空白处拖出椭圆形状，此时功能区中会增加一个"绘图工具"选项卡，单击该选项卡的"形状样式"选项组中的"轮廓"下拉按钮，在弹出的下拉菜单中设置椭圆的轮廓颜色为"白色"，在"线型"子菜单中选择"2.25 磅"命令；单击"填充"下拉按钮，在弹出的下拉菜单中设置椭圆的填充颜色为"巧克力黄，着色 2"，如图 5-4 所示。

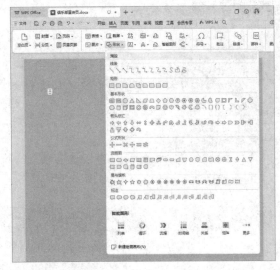

图 5-3 "形状"下拉菜单   图 5-4 绘制的椭圆

（2）为增强椭圆的立体感，选中椭圆，单击"绘图工具"选项卡的"形状样式"选项组中的"效果"下拉按钮，在弹出的下拉菜单的"阴影"子菜单中选择椭圆的阴影样式，如图 5-5 所示。

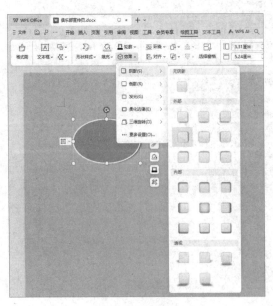

图 5-5 选择椭圆的阴影样式

（3）在椭圆上右击，在弹出的快捷菜单中选择"编辑文字"命令，在椭圆中输入文字"学府"，换行输入拼音"Xue Fu"，选中这两行文字，将字体格式均设置为"黑体、小二"，并设置行距为"固定值、25 磅"。

（4）在椭圆上右击，在弹出的快捷菜单中选择"设置对象格式"命令，在窗口右侧弹出的"属性"窗格中单击"文本选项"按钮，选择"文本框"选项卡，设置左边距、右边距、上边距、下边距均为 0.00 厘米，如图 5-6 所示。

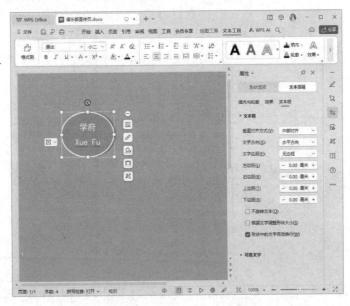

图 5-6　设置文本框边距

3. 制作艺术字标题

（1）单击"插入"选项卡的"常用对象"选项组中的"艺术字"下拉按钮，在弹出的下拉菜单中选择"填充-黑色，文本 1，轮廓-背景 1，清晰阴影-背景 1"的填充和边框样式。

（2）在文本框中输入文字"学府体育俱乐部"，并将其格式设置为"隶书、初号"；选择"文本工具"选项卡的"艺术字样式"选项组中的"填充"下拉按钮，在弹出的下拉菜单中设置填充颜色为"深红"；单击"轮廓"下拉按钮，在弹出的下拉菜单中设置轮廓颜色为"白色"，调整位置，效果如图 5-7 所示。

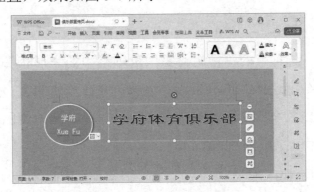

图 5-7　输入艺术字并进行设置后的效果

（3）选中艺术字，单击"文本工具"选项卡的"艺术字样式"选项组中"效果"下拉按钮，在弹出的下拉菜单中选择"转换"子菜单中的"山形"选项，如图 5-8 所示，拖动艺术字上的句柄调整艺术字的形状。

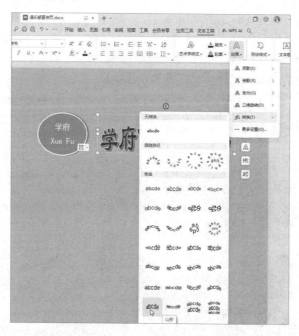

图 5-8　选择"转换"子菜单中的"山形"选项

（4）选中艺术字，单击右上角的"布局选项"按钮，在弹出的对话框中设置艺术字的环绕方式为"浮于文字上方"，如图 5-9 所示。

图 5-9　设置艺术字的环绕方式

4. 制作正文文本框

（1）单击"插入"选项卡的"常用对象"选项组中的"形状"下拉按钮，在弹出的下拉菜单的"矩形"组中选择"圆角矩形"选项，并在页面的空白处拖出圆角矩形。拖动圆角矩形边角上的白色小圆圈可改变圆角矩形的大小，拖动黄色的小菱形可改变圆角矩形四角的圆角的大小，如图 5-10 所示。

（2）在圆角矩形上右击，在弹出的快捷菜单中选择"编辑文字"命令，在圆角矩形中输入文字，如图 5-11 所示。

图 5-10　绘制的圆角矩形

图 5-11　在圆角矩形中输入文字

（3）选中圆角矩形，单击"文本工具"选项卡的"形状样式"选项组中的"填充"下拉按钮，在弹出的下拉菜单中设置圆角矩形的填充颜色为"钢蓝，着色 1，浅色 80%"；单击"轮廓"下拉按钮，在弹出的下拉菜单中设置圆角矩形的轮廓颜色为"白色"，粗细为"1.5 磅"，设置圆角矩形内文字的字体格式为"微软雅黑、小四号"。也可以右击圆角矩形，在弹出的快捷菜单中选择"设置对象格式"命令，在窗口右侧弹出的"属性"窗格中对填充与线条进行设置，效果如图 5-12 所示。

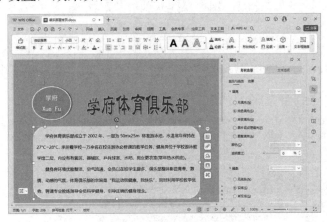

图 5-12　设置填充与线条

（4）使用上述方法制作另一个圆角矩形，并输入文字，该圆角矩形的填充颜色、轮廓颜色、文字的字体格式等设置与上一个圆角矩形相同，效果如图 5-13 所示。

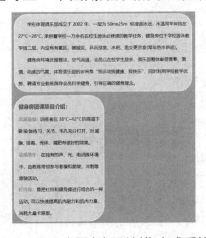

图 5-13　另一个圆角矩形制作完成后的效果

5. 插入图片并设置其格式

（1）单击"插入"选项卡的"常用对象"选项组中的"图片"下拉按钮，在弹出的下拉菜单中选择"本地图片"命令，打开"插入图片"对话框，在素材文件夹中选择要插入的图片，如图 5-14 所示，单击"打开"按钮，即可将图片插入文档。

图 5-14　"插入图片"对话框

（2）插入图片后，选中图片，单击图片右上角的"布局选项"按钮，在弹出的对话框中设置图片的环绕方式为"四周型环绕"，如图 5-15 所示，拖动图片四角的句柄可以改变图片的大小，调整图片到合适的位置。

图 5-15　设置图片的环绕方式

（3）使用上述方法插入多张图片，并设置其环绕方式及大小。单击"插入"选项卡的"常用对象"选项组中的"形状"下拉按钮，在弹出的下拉菜单中选择"线条"组中的"直线"选项，依据图 5-1 所示的参考样张绘制图片周围的几条线作为装饰，最终效果如图 5-16 所示。

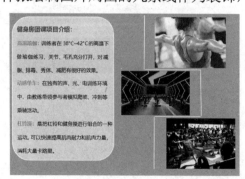

图 5-16　插入多张图片并进行设置后的最终效果

6. 插入艺术字

（1）单击"插入"选项卡的"常用对象"选项组中的"艺术字"下拉按钮，在弹出的下拉菜单中选择一种艺术字样式，在文本框中输入文字"Exercise makes me happy!"，单击艺术字右上角的"布局选项"按钮，在弹出的对话框中设置艺术字的环绕方式为"四周型环绕"。

（2）在"文本工具"选项卡的"艺术字样式"选项组中设置艺术字的填充颜色和轮廓颜色均为"蓝色"，设置文字效果为"发光变体"，效果如图 5-17 所示。

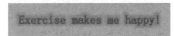

图 5-17　插入艺术字并设置填充颜色与轮廓颜色后的效果

7. 制作地址文本框与地址导航图

（1）单击"插入"选项卡的"常用对象"选项组中的"形状"下拉按钮，在弹出的下拉菜单的"矩形"组中分别选择"矩形"和"圆角矩形"选项，绘制出一个矩形和一个圆角矩形，如图 5-18 所示。

（2）在"文本工具"选项卡的"形状样式"选项组中，设置圆角矩形的填充与轮廓样式，并输入文字，效果如图 5-19 所示。

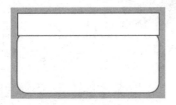

图 5-18　绘制的矩形和圆角矩形　　　　图 5-19　设置圆角矩形样式并输入文字后的效果

（3）单击"插入"选项卡的"常用对象"选项组中的"形状"下拉按钮，在弹出的下拉菜单中分别选择"矩形"组中的"矩形"选项和"线条"组中的"箭头"选项，绘制一个矩形和一个箭头，设置两者的轮廓颜色和填充颜色都为"钢蓝，着色 1，深色 25%"；再次单击"形状"下拉按钮，在弹出的下拉菜单中选择"星与旗帜"组中的"五角星"选项，绘制出一个五角星，效果如图 5-20 所示。

图 5-20　绘制矩形、箭头和五角星后的效果

（4）单击"插入"选项卡的"常用对象"选项组中的"文本框"下拉按钮，在弹出的下拉菜单中选择"竖向"命令，绘制竖排文本框，在文本框中输入文字"厚德大道"，在

"文本工具"选项卡的"形状样式"选项组中设置竖排文本框的填充颜色为"无填充颜色"，轮廓颜色为"无边框颜色"，设置文本框中文字的格式为"楷体、小四号、加粗、白色"。

（5）使用步骤（4）中的方法插入横排文本框，在该文本框中输入文字"天健大道"，并将横排文本框和文字的格式设置为与步骤（4）中相同的格式，如图5-21所示。

图 5-21　添加路名

8. 制作页脚处的虚边化图片

（1）单击"插入"选项卡的"常用对象"选项组中的"图片"下拉按钮，在弹出的下拉菜单中选择"本地图片"命令，打开"插入图片"对话框，插入素材图片，在默认状态下，图片以嵌入式的方式插入文档，按照前面的方法设置图片的环绕方式为"衬于文字下方"，并将其移动至页面底部，调整图片的大小，如图5-22所示。

图 5-22　在页面底部插入图片

（2）选中该图片，功能区中会增加一个"图片工具"选项卡，单击该选项卡的"图片样式"选项组中的"效果"下拉按钮，在弹出的下拉菜单中选择"柔化边缘"子菜单中的"25磅"命令，调整图片的大小和位置。俱乐部宣传页的最终效果如图5-23所示。

图 5-23　俱乐部宣传页的最终效果

1. 插入图片和设置图片格式

1) 插入图片

插入图片是指在 WPS 文字中插入以文件形式保存的图片。单击"插入"选项卡的"常用对象"选项组中的"图片"下拉按钮,在弹出的下拉菜单中选择"本地图片"命令,在弹出的"插入图片"对话框中选择要插入的图片,单击"打开"按钮,即可插入图片。

2) 设置图片格式

在插入图片后,功能区中会出现一个"图片工具"选项卡,通过该选项卡中的按钮可以对图片的格式进行设置。

(1) "色彩"下拉按钮,主要用于对图片的色彩效果进行设置。例如,图 5-24 所示为使用"色彩"下拉菜单对图片进行设置及效果。

(2) "边框"下拉按钮,主要用于对图片的边框颜色、线型等进行设置,使图片更加突出、美观。例如,图 5-25 所示为使用"边框"下拉菜单对图片进行设置及效果。

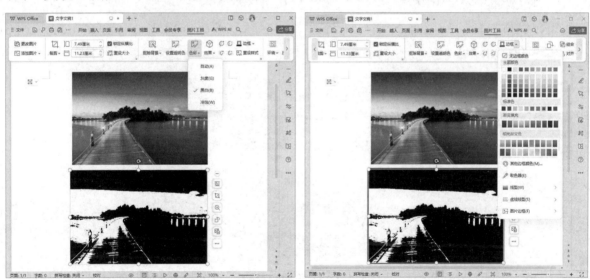

图 5-24　使用"色彩"下拉菜单对图片进行设置及效果 图 5-25　使用"边框"下拉菜单对图片进行设置及效果

(3) 对比度和亮度相关按钮,主要分别用于对图片的对比度和亮度等进行设置,使图片更加柔和、美观。例如,图 5-26 所示为使用对比度和亮度相关按钮对图片进行设置后的效果。

(4) "重设样式"按钮,主要用于对图片的形状和格式设置进行重置,使图片恢复原样。例如,图 5-27 所示为使用"重设样式"按钮对图片进行设置后的效果。

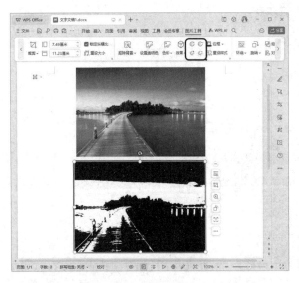
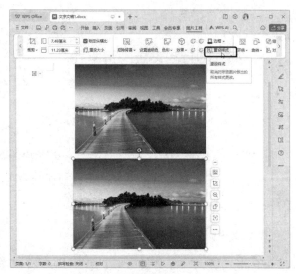

图 5-26　使用对比度和亮度相关按钮对图片进　　图 5-27　使用"重设样式"按钮对图片进行设
行设置后的效果　　　　　　　　　　　　　　置后的效果

（5）"效果"下拉按钮，主要用于对图片的特殊效果进行设置。图片的特殊效果包括"阴影""倒影""发光""柔化边缘""三维旋转"等。选中图片，单击"图片工具"选项卡的"图片样式"选项组中的"效果"下拉按钮，在弹出的下拉菜单中选择图片的各种特殊效果。例如，图 5-28 所示为对图片设置"柔化边缘 25 榜"样式后，选择"效果"下拉菜单的"发光"子菜单中的某种效果。

图 5-28　设置图片的特殊效果

　　提示：在设置图片效果时，可以对同一张图片设置多个效果，从而使图片更有创意。

（6）单击"设置形状格式"选项组右下角的"对话框启动器"按钮，在窗口右侧弹出的"属性"窗格中同样可以设置图片的各种效果。

（7）"环绕"等相关下拉按钮，主要用于对图片的位置、环绕方式及多张图片的对齐、组合和旋转等格式进行设置。例如，图 5-29 所示为图片在文档中不同位置的效果，图 5-30 所示为在文档中对图片设置"四周环绕型"、"紧密型环绕"和"衬于文字下方"3 种环绕方式后的效果。

图 5-29　图片在文档中不同位置的效果　　　图 5-30　在文档中对图片设置 3 种环绕方式后的效果

（8）"大小"选项组，主要用于设置图片的大小，并对图片进行裁切，删去不需要的部分。选中图片，单击"大小"选项组中的"裁剪"按钮，则图片的周围会出现"裁剪"定界框，如图 5-31 所示，拖动定界框，可以对图片进行裁剪。使用裁剪操作还可以将图片裁剪为形状，图 5-32 所示为其效果。

在"大小"选项组的"形状宽度"和"形状高度"数值框中输入数值，可以对图片的大小进行精确的设置。单击"大小"选项组右下角的"对话框启动器"按钮，可以打开"布局"对话框，在该对话框中可以对图片进行其他精确的设置。

图 5-31　图片的周围出现"裁剪"定界框　　　图 5-32　将图片裁剪为形状

提示：选中图片，会在图片的四周出现 8 个小圆圈，这些小圆圈称为句柄。将鼠标指针移至任意一个句柄上，当鼠标指针变为双箭头时，按住鼠标左键不放，拖动鼠标，即可改变图片的大小。

2. 插入联机图片

在连接网络的情况下，可以通过插入联机图片的方法来插入网络上的图片。

单击"插入"选项卡的"常用对象"选项组中的"图片"下拉按钮，在弹出的下拉菜单中选择"更多图片"命令，打开"图库"对话框，如图 5-33 所示。在搜索框输入关键字，比如"汽车"，单击"搜索"按钮即可显示与关键字相关的网络上的图片，如图 5-34所示，单击想要插入的图片，就可以将该图片插入文档。插入联机图片可能涉及版权问题，要注意遵守相关规定。

图 5-33　"图库"对话框

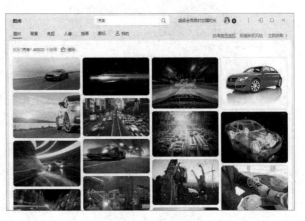

图 5-34　搜索图片

3. 插入形状

WPS 文字提供了一定的绘图功能，可以在 WPS 文字中添加一个形状，或者合并多个形状以生成一个更为复杂的形状。可用形状包括线条、矩形、基本形状、箭头总汇、公式形状、流程图、星与旗帜、标注等。

图 5-35　"形状"下拉菜单

（1）插入简单的形状。

单击"插入"选项卡的"常用对象"选项组中的"形状"下拉按钮，弹出的下拉菜单如图 5-35 所示，其中包括线条、矩形、基本形状、箭头总汇、公式形状、流程图、星与旗帜、标注等形状。在该下拉菜单中选择一个形状，当鼠标指针变成＋形状时，按住鼠标左键不放，拖动鼠标，即可插入所选择的形状，如图 5-36 所示。

图 5-36　插入形状

（2）编辑形状。

编辑形状包括选择、移动、复制、改变大小、改变形状、旋转、填充形状和设置形状轮廓等操作。

① 选择形状：单击形状即可将其选中。如果要同时选中多个形状，则可以先按住 Ctrl 键，然后单击所需的各个形状，也可以单击"开始"选项卡的"选择"选项组中的"选择"下拉按钮，在弹出的下拉菜单中选择"选择对象"命令，然后按住鼠标左键不放，拖动鼠标，当出现的虚线框围住所需选中的形状时，松开鼠标左键即可。

② 移动形状：将鼠标指针移到要移动的形状上，当鼠标指针变为 ✥ 形状时，按住鼠标左键不放，拖动鼠标即可。如果先按住 Shift 键，然后按住鼠标左键不放，拖动鼠标，则可以限制形状只在水平或垂直方向移动。

③ 复制形状：选中形状后右击，在弹出的快捷菜单中选择"复制"命令，之后将光标移到目标处，再次右击，在弹出的快捷菜单中选择"粘贴"命令即可。或者先按住 Ctrl 键，然后拖动要复制的形状，拖动到目标处后松开鼠标左键，这样也可以在目标处复制一个形状。

④ 改变形状的大小：选中形状后，在形状的四周会出现 8 个句柄，将鼠标指针移到某个句柄上，当鼠标指针变为双向箭头时，按住鼠标左键不放，拖动鼠标即可改变形状的大小。如果先按住 Shift 键，然后按住鼠标左键不放，拖动鼠标，则可以等比例地放大或缩小形状。

⑤ 改变形状的形状：有些形状可以改变形状，在选中形状后，将鼠标指针移到黄色菱形句柄上，按住鼠标左键不放，拖动鼠标即可改变形状的形状。

⑥ 旋转形状：在选中形状后，将鼠标指针移到旋转句柄上，当鼠标指针变为旋转箭头形状时，按住鼠标左键不放，拖动鼠标即可使形状旋转。

⑦ 填充形状和设置形状轮廓：在选中形状后，单击"绘图工具"选项卡的"形状样式"选项组中的"填充"下拉按钮，在弹出的下拉菜单中可以为形状设置填充颜色、渐变颜色、纹理及图案；单击"绘图工具"选项卡的"形状样式"选项组中的"轮廓"下拉按钮，在弹出的下拉菜单中可以为形状设置轮廓线的样式和粗细。

（3）形状的组合、对齐、分布和叠放次序。

形状的组合、对齐、分布和叠放次序都是对多个形状进行操作的，因此在操作前要先选中多个形状。

① 形状的组合：在选中要组合的多个形状后，单击"绘图工具"选项卡的"排列"选项组中的"组合"下拉按钮，在弹出的下拉菜单中选择"组合"命令。如果要取消组合，则在选中组合形状后，单击"绘图工具"选项卡的"排列"选项组中的"组合"下拉按钮，在

弹出的下拉菜单中选择"取消组合"命令即可。

② 形状的对齐和分布：在选中要设置对齐和分布的多个形状后，单击"绘图工具"选项卡的"排列"选项组中的"对齐"下拉按钮，在弹出的下拉菜单中选择对齐或分布的方式（如左对齐、右对齐、横向分布、纵向分布等）。

③ 设置形状的叠放次序：如果两个以上的形状有重叠，就需要对形状的叠放次序进行设置。在选中要设置叠放次序的多个形状后，单击"绘图工具"选项卡的"排列"选项组中的"上移"或"下移"下拉按钮，通过弹出的下拉菜单中的命令进行设置即可。

4．插入文本框

在 WPS 文字中进行编辑时，有时需要插入一些相对独立的文字，并希望这些文字可以放在文本的任意地方，这就需要用到文本框。

（1）插入文本框。

单击"插入"选项卡的"常用对象"选项组中的"文本框"下拉按钮，在弹出的下拉菜单中有内置的文本框样式，或者在弹出的下拉菜单中选择"横向"、"竖向"或"多行文字"命令，如图 5-37 所示，这时鼠标指针变成十字形状＋，按住鼠标左键不放，拖动鼠标即可绘制出一个矩形框，可在其中输入文字。

图 5-37　"文本框"下拉菜单

（2）设置文本框的格式。

选中文本框，功能区中会出现"绘图工具"和"文本工具"选项卡，可以使用这两个选项卡的选项组中的按钮对文本框的格式和文本框中文字的格式进行设置。也可以在选中文本框后右击，在弹出的快捷菜单中选择"设置对象格式"命令，在窗口右侧弹出的"属性"窗格中对文本框进行更多的设置，如图 5-38 所示。

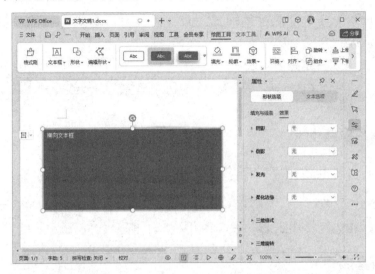

图 5-38　文本框的"属性"窗格

提示：在为文本框设置格式时，可以对一个文本框同时设置多个格式，这样可以得到更美观、更有个性的文本框。

5. 插入艺术字

艺术字是指插入文档中的装饰文字，使用 WPS 文字中的插入和编辑艺术字功能，不仅可以创建带阴影的、扭曲的、旋转的和拉伸的艺术字效果，还可以按照预定义的形状创建文字。

（1）插入艺术字。

单击"插入"选项卡的"常用对象"选项组中的"艺术字"下拉按钮，在弹出的下拉菜单中选择需要的艺术字样式，如图 5-39 所示，在文档中会出现"请在此放置您的文字"文本框，如图 5-40 所示，在该文本框中输入要插入的文字，即可在文档中插入所选样式的艺术字。

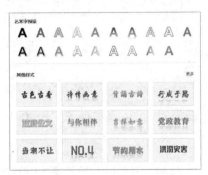

图 5-39　"艺术字"下拉菜单　　　　　　图 5-40　文档中出现的文本框

（2）设置艺术字的格式。

选中艺术字，功能区中会出现一个"文本工具"选项卡，可以使用该选项卡的"艺术字样式"选项组中的按钮设置艺术字的填充、轮廓和效果等。也可以在选中艺术字后右击，在弹出的快捷菜单中选择"设置对象格式"命令，在窗口右侧弹出的"属性"窗格中对艺术字进行更多的设置。

举一反三　制作招聘启事宣传单

1. 制作招聘启事宣传单

学府体育俱乐部现准备招聘若干名工作人员，需制作招聘启事宣传单以用于对招聘事宜的宣传。要求在 WPS 文字中制作，设置文件名为"招聘启事宣传单"，并将其保存在 D 盘的"工作目录"文件夹中，参考样张如图 5-41 所示。

2. 制作高考喜报

某所高中要制作高考喜报，并将其张贴在学校的告示栏内。要求这张喜报中要显示成绩优异同学的姓名、照片、成绩、排名等信息，并尽量使用红色系和暖色系配色，现在需要你来制作这样一张喜报，使喜报布局合理。制作完成后，设置文件名为"高考喜报"，并将其保存在 D 盘的"工作目录"文件夹中，参考样张如图 5-42 所示。

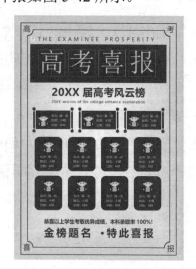

图 5-41　招聘启事宣传单的参考样张　　　图 5-42　高考喜报的参考样张

🎓 提示：

（1）高考喜报的背景为渐变填充，可以通过"页面"选项卡的"效果"选项组的"背景"下拉菜单中的"渐变填充"组进行设置。

（2）可以通过"插入"选项卡的"常用对象"选项组的"形状"下拉菜单中的"新建绘图画布"命令来绘制自己想要的形状。

拓展知识及训练

【拓展知识】使用脚注、尾注、题注、邮件合并、公式、SmartArt 图形

1. 脚注、尾注和题注

脚注和尾注用于在打印文档时为文档中的文本提供解释、批注及相关的参考资料。一个文档中可同时包含脚注和尾注，用脚注对文档中的内容进行注释说明，用尾注说明引用的文献。脚注一般出现在文档中页面的底端，尾注一般位于整个文档或节的结尾。

WPS 文字会自动对脚注和尾注进行编号。既可以在整个文档中使用一种编号方案，也可以在文档的每节中使用不同的编号方案。在添加、删除或移动自动编号的注释时，WPS 文字将对脚注和尾注引用标记进行重新编号。

题注是添加到表格、图表或图片等对象中的标题名称和编号，添加标题名称和编号既可以更好地对表格、图表或图片进行说明，也可以方便用户查找和阅读。使用题注功能可以保证文档中的表格、图表或图片等内容按顺序自动编号。如果移动、插入或删除带题注的对象，则 WPS 文字会自动更新题注编号。

插入脚注或尾注的步骤如下：

（1）单击要插入注释引用标记的位置。

（2）在"引用"选项卡的"脚注和尾注"选项组中，单击"插入脚注"或"插入尾注"按钮，WPS 文字会自动插入一个注释编号，并将插入点移动到注释编号的旁边。

（3）输入注释的内容。

（4）要更改脚注或尾注的格式，可以单击"脚注和尾注"选项组右下角的"对话框启动器"按钮，打开"脚注和尾注"对话框，如图 5-43 所示，在该对话框中既可以设置编号格式及起始编号等，也可以用自定义标记替代传统的编号格式。

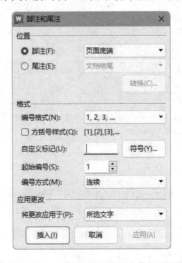

图 5-43　"脚注和尾注"对话框

（5）当要删除脚注或尾注时，可删除文档的工作界面中的脚注或尾注引用标记。在文档中选中要删除的脚注或尾注的引用标记，然后按 Delete 键。如果删除了一个自动编号的引用标记，则 WPS 文字会自动对注释进行重新编号。

2. 邮件合并

如果希望创建一组具有相对固定内容的文档，比如相同落款的信封、相同主体内容的证书等，则可以使用邮件合并功能。每个信封、信函中的称呼、姓名等不相同，这些不同的信息来自数据源，如 WPS 表格等文件中的条目。使用邮件合并功能不仅可以批量处理信函、信封，还可以进行批量制作标签、证书等操作。

可以使用"引用"选项卡的"邮件合并"选项组中的"邮件合并"按钮进行邮件合并。进行邮件合并的步骤如下所述。

（1）创建主文档。主文档就是文档的底稿，包含文档中不变的内容，如信函中的主体内容部分、信封上的落款、证书中的文字等内容。例如，图 5-44 所示为聘书主文档。

聘　书

兹聘请　　　同志为　　系　　专业兼职教授，聘期二年。
特聘。

XXXXXX 大学
年　月　日

图 5-44　聘书主文档

（2）准备数据源。数据源指的是数据记录，也就是要合并到主文档中的信息。例如，信函收件人的姓名和地址、证书中的姓名等内容是主文档中变化的那些内容，数据源既可以是已有的 WPS 表格等，也可以在邮件合并时创建。比如，图 5-45 所示为 WPS 表格数据源。

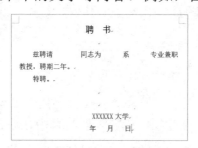

	姓名	性别	系别	专业	联系方式	
1	姓名	性别	系别	专业	联系方式	
2	李天天	男	信息技术	网络工程	13937100000	
3	张向向	女	艺术设计	平面设计	13837100000	
4	王上上	女	商贸管理	国际贸易	13737100000	
5	赵学习	男	电子工程	机电技术	13637100000	

图 5-45　WPS 表格数据源

（3）将主文档连接到数据源。在主文档中插入合并域，合并域就是合并后要被数据源中的数据替换的变量，在进行邮件合并时，数据源中的信息会被填充到邮件合并域中。插入合并域后的效果如图 5-46 所示。

（4）将邮件合并到新文档并预览，效果如图 5-47 所示。

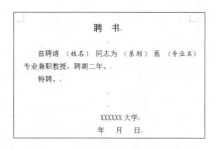

图 5-46　插入合并域后的效果

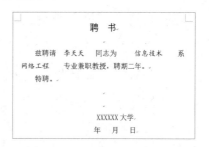

图 5-47　邮件合并后的预览效果

在进行邮件合并时，除可以合并数据源中的全部数据以外，还可以只合并当前记录或符合条件的记录。合并完成后，每个记录生成一个新的文档。

提示：在"邮件合并"选项卡的"完成"选项组中，通过"合并到新文档"按钮可以将导入数据后的内容生成一个新的 WPS 文字文档，通过"合并到打印机"按钮可以将导入数据后的内容直接发送到打印机进行打印。

3. 公式

WPS 文字中内置了一些公式，包括二次公式、二项式定理、勾股定理等，这些公式可以直接在文档中使用。

（1）单击"插入"选项卡的"符号"选项组中的"公式"下拉按钮，在弹出的下拉菜单中会显示内置的公式，如图 5-48 所示。

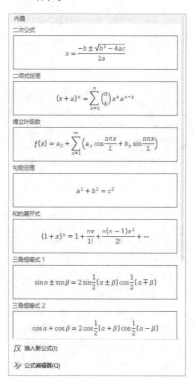

图 5-48　"公式"下拉菜单

（2）在图 5-48 所示的"公式"下拉菜单的"内置"组中选择一个需要的公式，该公式就会被插入文档中的插入点处。单击插入的公式右侧的下拉按钮，通过弹出的下拉菜单中的命令可以设置该公式的对齐方式和显示方式。

（3）选中公式后，功能区中会出现一个"公式工具"选项卡，如图 5-49 所示，通过该选项卡中的按钮可以对插入的公式进行修改和编辑。

图 5-49　"公式工具"选项卡

（4）如果内置公式不能满足需要，则可以通过"公式工具"选项卡中的按钮编辑新的公式。

4. SmartArt 图形

WPS 文字中提供了 SmartArt 图形工具，SmartArt 图形包括列表、流程、层次结构、关系及矩阵等多种图形，使用 SmartArt 图形可以更直观地表达信息，更方便地制作流程图或组织结构图等。

在创建 SmartArt 图形时，系统将提示选择一种 SmartArt 图形类型，如"列表""流程""层次结构""关系""矩阵"等，每种类型包含几种不同的布局，如图 5-50 所示。

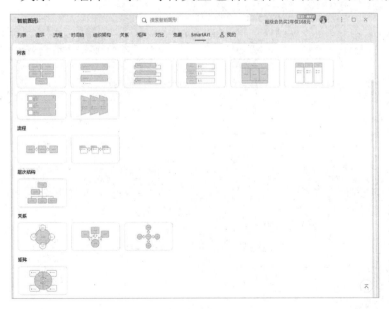

图 5-50　SmartArt 图形类型

在插入一个 SmartArt 图形后，功能区中会出现与智能图形相关的"设计"选项卡和"格式"选项卡。

使用"设计"选项卡中的按钮可以在 SmartArt 图形中添加形状及快速输入文本、选择 SmartArt 图形的布局结构、设置或改变 SmartArt 图形的样式及颜色等，如图 5-51 所示。

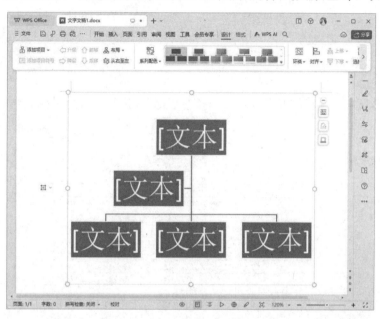

图 5-51　SmartArt 图形的设计

使用"格式"选项卡中的按钮可以更改 SmartArt 图形的形状、更改 SmartArt 图形中每个形状的样式、更改 SmartArt 图形中文字的样式和颜色、设置智能图形的位置及智能图形的大小等。

【拓展训练】

1. 制作结业证书

某公司新近招聘了 19 名新员工，在对他们进行为期 7 天的新员工培训后，共有 15 名新员工成为该公司的一员，为此该公司要为这 15 名新员工颁发培训结业证书。结业证书需要通过邮件合并功能批量制作，结业证书中的员工信息从一个表格文件中获得（素材/员工资料表.docx），每名员工生成一个文件，便于打印出来进行发放。

结业证书主文档的参考样张如图 5-52 所示，进行邮件合并后的结业证书的参考样张如图 5-53 所示。

提示：参考样张中的标题为插入的艺术字，数据源既可以在进行邮件合并时重新创建，如图 5-54 所示，也可以使用提供的素材中的"员工资料表.docx"文件，效果如参考样张所示。

图 5-52　结业证书主文档的参考样张　　　图 5-53　进行邮件合并后的结业证书的参考样张

姓名	性别	参加培训日期	部门	总经理
张一	男	2017-5-5 至 2017-5-12	市场部	马东东
张二	女	2017-5-5 至 2017-5-12	网络部	马东东
张三	男	2017-5-5 至 2017-5-12	市场部	马东东
张四	男	2017-5-5 至 2017-5-12	市场部	马东东
张五	女	2017-5-5 至 2017-5-12	网络部	马东东
刘一	男	2017-5-5 至 2017-5-12	图书部	马东东
刘二	男	2017-5-5 至 2017-5-12	市场部	马东东
刘三	女	2017-5-5 至 2017-5-12	图书部	马东东
刘四	男	2017-5-5 至 2017-5-12	网络部	马东东
刘五	女	2017-5-5 至 2017-5-12	图书部	马东东
李一	女	2017-5-5 至 2017-5-12	市场部	马东东
李二	男	2017-5-5 至 2017-5-12	办公室	马东东
李三	女	2017-5-5 至 2017-5-12	研发部	马东东
李四	男	2017-5-5 至 2017-5-12	市场部	马东东
李五	男	2017-5-6 至 2017-5-12	研发部	马东东

图 5-54　员工资料表

2. 制作公司组织结构图

创新信息技术公司最近因扩大规模，进行了公司内部结构的调整。作为办公室秘书，需要你重新按照新的公司部门情况制作公司的组织结构图，要求美观大方、醒目清晰、结构合理。公司组织结构图的参考样张如图 5-55 所示。

创新信息技术公司组织结构图

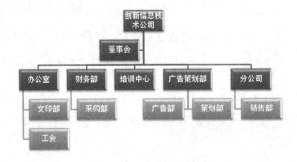

图 5-55　公司组织结构图的参考样张

提示：组织结构图可通过插入智能图形中的"层次结构图"来制作，将文字设置为黑体，制作完成后，进行样式的更改和调整，使其接近参考样张中所示的组织结构图。

一、填空题

1. 在 WPS 文字中，文档的扩展名是_____。

2. 在 WPS 文字中，创建新文档的快捷键是_____，快速保存文档的快捷键是_____。

3. 在 WPS 文字中编辑文档时，"剪切"、"复制"和"粘贴"操作的快捷键分别是_____、_____、_____。

4. 字号有两种表示方式，一种是阿拉伯数字，另一种是中文数字。阿拉伯数字越大，表示所设定的字符越_____；中文数字越大，表示所设定的字符越_____。

5. 在 WPS 文字中，可以通过_____选项卡的_____选项组中的"页边距"下拉按钮或者"上""下""左""右"数值框来设置页边距。

6. 在 WPS 文字中，打开"打印"对话框的快捷键是_____。

二、选择题

1. 在 WPS 文字中进行查找与替换操作时，在"查找和替换"对话框的"替换"选项卡中的"查找内容"文本框内输入了内容，但在"替换为"文本框中未输入任何内容，此时单击"全部替换"按钮，则执行的操作是（　　　）。

　　A．不进行任何操作

　　B．只进行查找操作，不进行任何替换

　　C．每查到一处内容就停下来，让用户指定是否进行替换

　　D．将所有查找到的内容全部删除

2. 在 WPS 文字编辑状态下，如果鼠标指针在某行行首的左边，则下列可以选中该行所在的段落的操作是（　　　）。

　　A．右击　　　　　　B．双击　　　　　　C．三击　　　　　　D．单击

3. 在 WPS 文字中，在"插入"和"改写"两种状态下进行切换的快捷键是（　　　）。

　　A．Insert　　　　　B．Delete　　　　　C．Shift　　　　　D．Enter

4. 在下面的符号中，可以直接通过键盘输入的是（　　　）。

　　A．≠　　　　　　　B．+　　　　　　　C．÷　　　　　　　D．×

5. 在 WPS 文字中，关于"格式刷"按钮的说法错误的是（　　　）。

　　A．"格式刷"按钮可以用来快速设置段落格式

B. "格式刷"按钮可以用来快速设置文字格式

C. "格式刷"按钮可以用来快速复制文本

D. 双击"格式刷"按钮后，可以多次复制同一格式

6. 在 WPS 文字中，如果文字的下面出现红色波浪线，则表示（　　）。

　　A. 语法错误　　　　B. 格式错误　　　　C. 拼写错误　　　　D. 以上都不是

7. 在文本框内，能够调整的文字与边框的距离是（　　）。

　　A. 文字与左右边框的距离　　　　　　B. 文字与上下边框的距离

　　C. 文字与底边的距离　　　　　　　　D. 文字与上下左右 4 个边框的距离

8.（　　）操作不能删除图形对象。

　　A. 选中图形对象后，单击"开始"选项卡的"剪贴板"选项组中的"剪切"按钮

　　B. 选中图形对象后按 Delete 键

　　C. 选中图形对象后右击，在弹出的快捷菜单中选择"剪切"命令

　　D. 选中图形对象后按 D 键

9. 在 WPS 文字中，选中整个表格后按 Delete 键，则（　　）。

　　A. 表格中的内容会被删除　　　　　　B. 表格的格式会被删除

　　C. 整个表格会被删除　　　　　　　　D. 表格中的边框会被删除

10. 如果将一个单元格拆分为两个，则原有单元格中的内容将（　　）。

　　A. 一分为二　　　　　　　　　　　　B. 不会拆分

　　C. 部分拆分　　　　　　　　　　　　D. 有条件地拆分

三、判断题

1. 使用"文件"菜单中的"退出"命令可以关闭 WPS。　　　　　　　　　　（　　）

2. 按 Delete 键能删除插入点左侧的字符。　　　　　　　　　　　　　　（　　）

3. 在 WPS 文字中，利用插入功能可以输入键盘上没有的符号。　　　　　（　　）

4. 项目符号只能使用系统内置的符号，用户不能自己定义。　　　　　　　（　　）

5. 页眉中只能输入文字，不能插入图片。　　　　　　　　　　　　　　　（　　）

6. 在普通视图中不能显示首字下沉效果。　　　　　　　　　　　　　　　（　　）

7. 对图片设置阴影等效果后，会引起图片本身的改变。　　　　　　　　　（　　）

8. 当插入的图片处于嵌入状态时，仍能对该图片进行位置的微移和自由旋转操作。

　　　　　　　　　　　　　　　　　　　　　　　　　　　　　　　　　（　　）

9. 在表格操作中，合并单元格后去掉了单元格之间的边线，但会保留单元格中的数据。

　　　　　　　　　　　　　　　　　　　　　　　　　　　　　　　　　（　　）

10. 在打印预览状态下，不能对文档进行编辑和修改。　　　　　　　　　（　　）

四、简答题

1. 打开文档的方法有哪几种？
2. 复制文本的方法有哪几种？
3. WPS 文字中的视图有哪几种？各有什么特点？
4. WPS 文字中的分隔符有哪几种？简述其主要作用。

总结与思考

WPS 文字是用来制作和处理各种文档的、功能强大的文字处理软件，掌握 WPS 文字的使用方法已经成为各行、各业、各类从业人员必备的技能。本篇主要介绍了 WPS 文字的基本功能和应用。在学习完本篇的内容后，读者应满足以下要求：

- 能熟练地创建、编辑、保存、打印文档，会使用不同的视图模式浏览文档。
- 能熟练地设置文档的格式（字体、段落、边框和底纹、项目符号和编号、分栏、首字下沉、文字方向等）。
- 能熟练地在编辑的文档中插入分隔符、页码、符号等；能熟练地设置文档的页面格式、页眉和页脚。
- 能在文档中插入并编辑图片、艺术字、剪贴画、图表等；会对文档中的图、文、表等进行混合排版；会合并文档。
- 能在文档中插入和编辑表格，以及设置表格格式。

对 WPS 文字编辑与排版有兴趣的读者可以在掌握上述知识的基础上，选学"拓展知识及训练"部分中的内容，其中包括以下内容：

- 对文档进行权限管理。
- 设置超链接。
- 使用样式，保持文档格式的统一和快捷设置。
- 使用文字处理软件提供的工具，如字数统计工具和修订工具等。
- 文本与表格的相互转换。
- 在文档中插入脚注、尾注、题注、目录等。
- 使用邮件合并功能。
- 在文档中插入公式、组织结构图等对象。

第 **6** 章

综合实训 1——制作商业计划书模板

某公司为了规范化办公，提升公司办公效率，同时为了提高各个部门的员工之间相互配合的流畅性，决定制作一个商业计划书模板，当有新的商业项目时，各个部门可以按照模板的样式协同制作商业计划书。商业计划书模板的参考样张如图 6-1～图 6-6 所示，要求将文件保存在 D 盘的"工作目录"文件夹中，并设置文件名为"商业计划书模板"。

图 6-1　商业计划书模板的参考样张 1

图 6-2　商业计划书模板的参考样张 2

图 6-3　商业计划书模板的参考样张 3

图 6-4　商业计划书模板的参考样张 4

图6-5　商业计划书模板的参考样张5

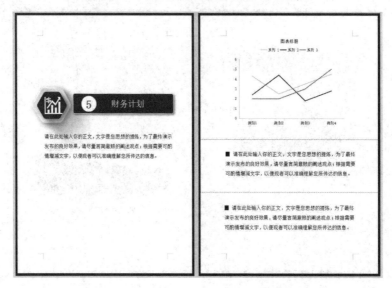

图6-6　商业计划书模板的参考样张6

操作提示

本任务作为一个综合实训，包含较多的操作内容，主要操作提示如下：

（1）进行页面设置。设置纸张大小为"A4"，纸张方向为"纵向"，页边距为"普通"。

（2）设置首页中标题的字体为"黑体"，汉字的大小为50号，英文字的大小为19号。

（3）设置小标题的格式均为"宋体、五号"。

（4）可使用多张图片和多个形状拼接的方式来达到艺术效果，注意调整图片的层级和环绕方式。

（5）参考样张中采用的是横向文本框及多种不同的图文环绕方式。

（6）其他设置对照参考样张。

（7）参考样张仅用于参考，在操作熟练的基础上，读者可根据自己的需要进行设置。

WPS 表格篇

    WPS 表格是金山软件公司自主研发的 WPS Office 办公应用软件中的一个重要组件，它可以进行各种数据的统计、分析、运算和辅助决策操作，被广泛地应用于日常办公、企业管理、教育教学、财政金融等领域。

    WPS 表格是 WPS Office 办公应用软件中专门用来进行数据处理和分析的组件，办公人员可以用它来制作和管理各种人事档案、数据报表等，以及管理各种物品材料；财务人员可以用它进行工资结算、财务统计和数据分析；证券人员可以用它来管理证券交易的各类表格和进行图表分析；教学人员可以用它进行成绩统计和分析等。本篇将以实际案例引领的方式，通过具体的案例，介绍 WPS 表格的基本操作，表格格式的设置，数据的处理、分析及打印输出等功能，使读者具备在现代办公中进行数据处理与分析的基本能力。

第 **7** 章

WPS 表格的工作界面及基本操作
——制作客户资料表

本章重点掌握知识

1. 启动与关闭 WPS 表格。
2. 认识与使用 WPS 表格的工作界面。
3. 理解工作表、工作簿、单元格、单元格区域等概念。
4. 掌握数据的输入、编辑和修改等操作。

任务描述

　　假设你是优品服务科技有限公司的一位销售助理，你需要整理所有省份和城市的客户资料。你已经有客户编号、省份、客户法人姓名、性别、公司名、公司地址、联系方式、信誉等级、客户生日、联络人等信息。现在，你需要创建一个汇总表，将以上信息输入 WPS 表格中，然后将汇总表存放在 D 盘的"工作目录"文件夹中，并设置文件名为"客户资料表"，制作完成后的参考样张如图 7-1 所示。

　　通过完成本任务，读者应掌握 WPS 表格的启动和退出方法；能够熟练地创建、编辑、保存电子表格，熟悉 WPS 表格中快速访问工具栏、功能区、文档编辑区及状态栏等基本界面元素及其作用；能够理解工作簿、工作表、单元格等基本概念；能够在工作表中进行输入、编辑和修改数据等操作。

客户编号	省份	客户法人姓名	性别	公司名	公司地址	联系方式	信誉等级	客户生日	联络人
				优品服务科技有限公司客户资料					
1	北京	张伟	男	北京有限公司	北京市朝阳区	13888888888	A级	1970/1/1	王静
2	上海	王婷	女	上海实业公司	上海市浦东新区	13999999999	A级	1975/5/12	张宁
3	广东	李华	男	广东贸易公司	广州市天河区	15888888888	B级	1985/10/25	李勇
4	浙江	刘阳	男	浙江电子科技公司	杭州市西湖区	15999999999	A级	1968/2/15	赵敏
5	北京	陈静	女	北京网络科技公司	北京市海淀区	13777777777	A级	1972/8/28	王芳
6	上海	杨柳	女	上海服饰有限公司	上海市闵行区	13666666666	A级	1982/4/5	李婷
7	广东	黄海	男	广东房地产公司	广州市越秀区	15333333333	B级	1977/7/6	张磊
8	浙江	赵勇	男	浙江文化传媒公司	杭州市下城区	15444444444	B级	1980/9/27	王磊
9	北京	周晔	男	北京食品有限公司	北京市朝阳区	13222222222	A级	1978/12/15	李阳
10	辽宁	吴凡	女	辽宁旅游公司	大连市沙河口区	18999999999	A级	1974/10/5	王超
11	四川	郑琳	男	四川贸易有限公司	成都市武侯区	18777777777	B级	1965/3/8	张静
12	河南	梁思	女	河南工程有限公司	郑州市中原区	13444444444	A级	1988/6/23	李宁
13	浙江	熊淼	男	温州电子科技有限公司	温州市鹿城区	15555555555	A级	1962/7/22	王勇
14	北京	郭明	女	北京金典商贸有限公司	北京市朝阳区劲松桥东华腾园	13666666666	A级	1989/3/6	张敏
15	黑龙江	高翔	女	哈尔滨市旅游有限公司	哈尔滨市南岗区华山路2号	18888888888	B级	1979/4/24	李芳
16	安徽	许诺	男	合肥市电子科技有限公司	合肥市蜀山区长江西路2号	13333333333	B级	1984/9/6	王磊
17	内蒙古	朱琳	女	内蒙古旅游有限公司	呼和浩特市新城区	18000000000	A级	1990/3/25	张芳
18	广西	邓华	男	桂林市旅游有限公司	桂林市象山区	18555555555	B级	1973/11/18	王勇
19	江苏	韩萍	女	南京金鹰国际旅游有限公司	南京市泰淮区长乐路132号	13700000000	A级	1987/4/5	李超
20	内蒙古自治区	冯刚	女	内蒙古自治区易行旅游有限公司	内蒙古自治区鄂尔多斯市东胜区	15999999999	A级	1987/3/6	张勇

图 7-1　客户资料表的参考样张

操作步骤

1. 创建"客户资料表"空白工作簿文档

（1）单击"开始"按钮，在弹出的菜单中选择"WPS Office"命令，即可启动 WPS Office。如果已在桌面上建立了 WPS Office 的快捷方式，则可以双击该快捷方式启动 WPS Office，或者在 Windows 10 系统桌面快速启动栏中单击 WPS Office 图标，启动 WPS Office。

（2）WPS Office 启动后，在启动窗口中单击"＋ 新建"按钮，在弹出的"新建"对话框中单击"表格"按钮，在弹出的"新建表格"窗口中单击"空白表格"按钮，新建空白表格后进入 WPS 表格的工作界面，如图 7-2 所示，其工作布局与功能和 WPS 文字类似。

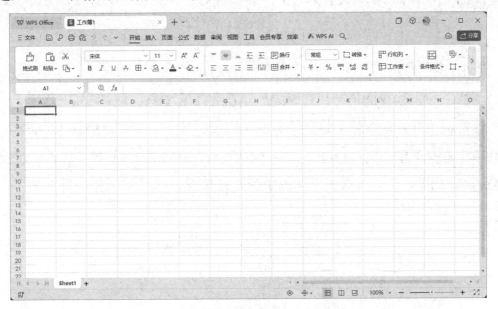

图 7-2　WPS 表格的工作界面

（3）选择"文件"菜单中的"保存"命令，首次保存文档时会弹出"另存为"对话框，在该对话框中设置存储位置为 D 盘的"工作目录"文件夹，在"文件名称"文本框中输入"客户资料表"，在"文件类型"下拉列表中选择"Microsoft Excel 文件(*.xlsx)"选项，如图 7-3 所示，单击"保存"按钮，即可保存文档。

图 7-3　"另存为"对话框

（4）选择"文件"菜单中的"退出"按钮，可关闭当前正在编辑的表格文档，但不退出 WPS 表格。关闭时如果文档没有保存，则会提示是否保存。

（5）单击 WPS 表格工作界面右上角的"关闭"按钮，即可关闭当前文档并退出 WPS 表格。关闭时如果文档没有保存，则会提示是否保存。

📖 **提示：**只有在首次保存文件时，单击快速访问工具栏中的"保存"按钮🖫才会弹出"另存为"对话框，此时可以更改文件名，如果要保存的文件是已经保存过的文件，则会直接保存。

2. 制作"客户资料表"空白工作簿文档

（1）打开上一步创建的"客户资料表"空白工作簿文档。

（2）将鼠标指针移至文档编辑区下方的工作表标签上，右击"Sheet1"标签，在弹出的快捷菜单中选择"重命名"命令，如图 7-4 所示，或者双击该标签，输入"优品服务科技有限公司客户资料"，然后单击工作表中的任意位置，即可将工作表重命名。

图 7-4　选择"重命名"命令

（3）在第二行的单元格内依次输入各列数据的标题：客户编号、省份、客户法人姓名、性别、公司名、公司地址、联系方式、信誉等级、客户生日、联络人。

（4）选中第一行内的 A1:J1 单元格区域（表示 A1 到 J1 单元格），单击"开始"选项卡的"对齐方式"选项组中的"合并"下拉按钮，在弹出的下拉菜单中选择"合并居中"命令，将 A1:J1 单元格区域合并为一个单元格，然后输入标题"优品服务科技有限公司客户资料"，如图 7-5 所示。

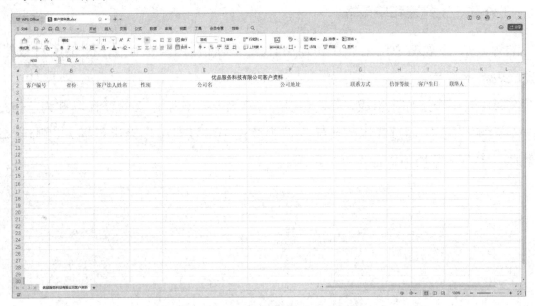

图 7-5　输入列标题及表格标题

（5）从第三行开始输入客户资料具体数据，在输入数据的过程中，可以使用 Tab 键移动光标到下一个单元格内。将鼠标指针移动到行号或列号之间，当鼠标指针变为双向箭头形状╋时，按住鼠标左键不放，拖动鼠标可对行高或列宽进行调整，以便数据能完整显示。

（6）数据输入完成后，单击快速访问工具栏中的"保存"按钮▢（或者选择"文件"菜单中的"保存"命令）进行保存，此时客户资料表如图 7-6 所示。

图 7-6　数据输入完成并保存后的客户资料表

在 WPS 表格的工作界面中，"文件"菜单、快速访问工具栏、功能区、选项卡、选项组、按钮等与 WPS 文字相应部分的作用和操作方法完全相同，这里只对 WPS 表格中特有的组成部分进行介绍。由于 WPS 表格是专门的电子表格制作软件，因此在 WPS 表格的操作中，还有一些与表格操作相关的术语和概念。

1. 工作簿、工作表和单元格

工作簿是 WPS 表格中用来计算和存储数据的文件，用来保存表格中的所有数据，通常所说的表格文件就是指工作簿文档。

工作簿由若干个工作表组成，默认包含一个工作表，该工作表的默认名称为"Sheet1"，在工作表标签上右击，通过弹出的快捷菜单中的命令可以对工作表进行插入、删除、移动、创建副本、重命名等操作，如图 7-7 所示。

图 7-7　右击工作表标签后弹出的快捷菜单

启动 WPS 表格后所看到的工作界面就是一个工作表，对表格的所有输入、计算、格式处理等操作都是在工作表中进行的。

单元格是工作表中行和列交汇所构成的方格，是 WPS 表格的基本操作单元。当单击任意一个单元格时，该单元格的周围会出现绿色粗线框，此时该单元格成为活动单元格，只有在活动单元格中才可以输入或编辑数据。

2. 单元格和单元格区域的表示方法

在 WPS 表格的工作表中，最上面的"A""B""C"等都表示列号，最左边的"1""2""3"等都表示行号，每个单元格的位置由它所在的行号和列号表示，如 A2 表示第 A 列第 2 行的单元格，也称该单元格的名称为"A2"。当单击单元格时，该单元格即成为活动单元格，其名称会出现在 WPS 表格工作界面左上角的名称框中。

在制作表格时，有时需要对一个区域进行操作，表示单元格区域的方法是：用该区域左上角和右下角的单元格地址来表示，中间用冒号（:）隔开。例如，图 7-8 所示为单元格区域 B2:E10。

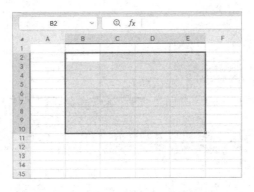

图 7-8 单元格区域 B2:E10

3. 名称框和编辑栏

名称框位于 WPS 表格工作界面的左上角，用于显示当前活动单元格的名称；编辑栏位于名称框的右侧，用于显示活动单元格中的内容，允许在编辑栏中进行输入、编辑和修改单元格内容等操作，如图 7-9 所示。

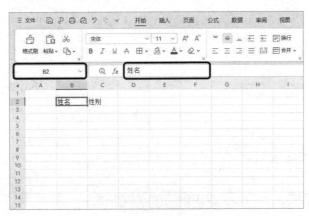

图 7-9 名称框和编辑栏

单击编辑栏左侧的"插入函数"按钮 *fx*，将引导用户输入一个函数，具体内容将在后面介绍。

4. 工作表标签

工作表标签用来显示工作表的名称。单击某个工作表标签可以进行工作表之间的切换；双击工作表标签可以对工作表的名称进行修改；正在编辑的工作表称为活动工作表（或当前工作表）；右击工作表标签，通过弹出的快捷菜单中的命令可以设置标签的颜色。例如，图 7-10 所示的"Sheet3"工作表是当前工作表。

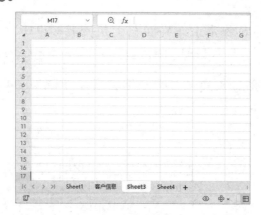

图 7-10　"Sheet3"工作表是当前工作表

制作公司部分客户党员信息表，参考样张如图 7-11 所示。

图 7-11　客户党员信息表的参考样张

【拓展知识】使用模板创建表格文档及数据保护

1. 使用模板创建表格文档

为了方便用户制作各种电子表格，WPS 表格提供了许多常用的电子表格模板，当需要类似的电子表格格式时，只需要使用模板创建表格文档，然后在表格文档中直接输入数据或对使用模板创建的表格文档进行修改即可。如果 WPS 表格提供的内置模板不能满足需要，则可以搜索网络提供的模板，以便使用。

使用 WPS 表格提供的内置模板创建表格文档的步骤如下：

（1）在创建 WPS 表格文档时，在"新建表格"窗口右侧的列表中可以看到 WPS 表格提供的内置模板，如图 7-12 所示。

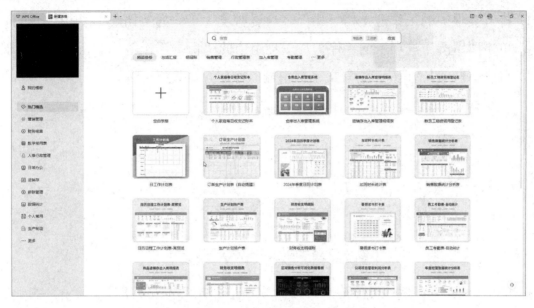

图 7-12　WPS 表格提供的内置模板

（2）单击某个模板，如"差旅费用明细表"模板，即可按该模板的样式创建新的表格文档，如图 7-13 所示。

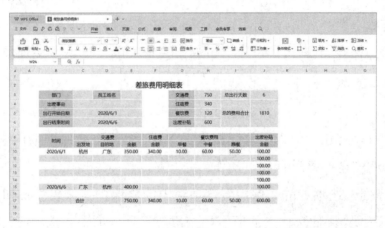

图 7-13　按"差旅费用记录"模板的样式创建的表格文档

（3）注意，如果选择的模板是第一次使用，则需要联网进行下载，否则不能使用该模板。在按模板创建的表格文档中，文档的字体、边框、单元格颜色及需要计算的公式等都已设置完成，直接输入数据即可使用。

（4）如果模板的样式不满足需要，则只需进行修改即可使用，数据输入完成后注意保存文档。

2. 数据保护的作用和使用方法

对于 WPS 表格文档中的数据，如果不希望其他人查看、修改，或者想要防止其他人有意或无意地破坏等，就需要对数据进行加密保护。

（1）保护工作簿。

① 打开要保护的工作簿文档，如"客户资料表"工作簿文档。

② 单击"审阅"选项卡的"保护"选项组中的"保护工作簿"按钮，打开"保护工作簿"对话框，在"密码(可选)"文本框中输入密码，如图7-14所示。

图 7-14　"保护工作簿"对话框

提示：在设置密码时，密码是区分大小写的，其中可以包含字母、数字、字母与数字的组合。

③ 单击"确定"按钮，会弹出"确认密码"对话框，输入步骤②中设置的密码，单击"确定"按钮即可。此时，该工作簿文档的结构被保护，不可以对该工作簿中的工作表进行插入、删除等操作，但可以对工作表中的数据进行修改和编辑。

④ 如果要撤销保护，则再次单击"审阅"选项卡的"保护"选项组中的"保护工作簿"按钮，在打开的对话框中输入设置的密码即可。

（2）保护工作表。

保护工作簿可以防止其他人插入或删除工作表，但并不能保护工作表中的数据。要保护工作表中数据的安全，可进行如下操作。

① 单击"审阅"选项卡的"保护"选项组中的"保护工作表"按钮，打开"保护工作表"对话框，在"允许此工作表的所有用户进行"列表框中勾选"选定锁定单元格"和"选定未锁定单元格"复选框，然后在"密码(可选)"文本框中输入密码，如图7-15所示。

图 7-15　"保护工作表"对话框

② 单击"确定"按钮，会弹出"确认密码"对话框，输入步骤①中设置的密码，单击"确定"按钮即可。

③ 密码设置完成后，则不可以对工作表中的数据进行修改，当对工作表中的数据进行修改时，会弹出如图 7-16 所示的提示信息，提醒如果要进行修改，则需要撤销对工作表的保护。

图 7-16　修改受保护的工作表时弹出的提示信息

④ 如果要撤销保护，则再次单击"审阅"选项卡的"保护"选项组中的"保护工作表"按钮，在打开的对话框中输入设置的密码即可。

【拓展训练】

新建工作簿文档并进行简单操作。

（1）在 WPS 表格中制作办公设备采购汇总表，输入数据后，将该文档保存在 D 盘的"工作目录"文件夹中，设置该文档的名称为"办公设备采购汇总表"，调整行高和列宽，保证输入的数据均能正常显示，参考样张如图 7-17 所示。

图 7-17　办公设备采购汇总表的参考样张

（2）设置工作表的名称为"办公设备采购"，并设置工作表标签的颜色为蓝色。

（3）对"办公设备采购汇总表"工作簿文档的结构进行保护，保护密码为"321321"。对工作簿中的"办公设备采购"工作表进行保护，允许对单元格的格式进行设置，但不允许对单元格中的内容进行修改。

习　题

一、填空题

1. 在 WPS 表格中，工作簿文档的扩展名为_____。

2. 打开 WPS 表格，将工作表标签"Sheet1"重命名为"我的第一个工作表"的操作方法是_____。

3. 在首次启动 WPS 表格时，标题栏中会显示该工作簿的名称_____，如果要改变该工作簿的名称，则只需_____该工作簿即可。

二、选择题

1. 在 WPS 表格中，当选定单元格时，可选定连续区域或不连续区域的单元格，如果其中有一个活动单元格，则该活动单元格是以（　　）标识的。

　　A．绿底色　　　　　　B．绿线框　　　　　C．高亮度条　　　　D．白色

2. 在 WPS 表格的活动单元格中，要将数字作为文字来输入，最简便的方法是先输入一个西文符号（　　），再输入数字。

　　A．#　　　　　　　　B．'　　　　　　　　C．"　　　　　　　　D．,

三、简答题

1. 简述在 WPS 表格中建立一个新工作簿的几种方式。

2. 可以在 WPS 表格的单元格中输入的数据有哪几类？

第 **8** 章

WPS 表格电子表格格式设置
——制作平台数据统计表

1. 设置单元格数字格式。
2. 表格边框与底纹的设置。
3. 快速输入单元格数据。
4. 单元格格式的设置。

任务描述

在一些偏远的山区，农业是主要的经济支柱。由于地理位置偏远和交通不便，这些山区的农产品销售一直是个难题。为了帮助当地的农民脱贫致富，一个公益扶贫直播平台被设立，旨在通过网络直播的方式将当地的农产品推广到更广泛的市场，并提高农民的收入。该平台定期统计平台数据，现要制作平台数据统计表，其中包括序号、直播间名称、农产品类型、省份、销售数量、销售额、观看人数、点赞数、评论数、分享数、农户收入等内容。要求表格清晰、规范，字体、字号设置合理，并标明制表日期，参考样张如图 8-1 所示。

通过完成本任务，读者应熟练掌握 WPS 表格中工作表的格式设置方法，能够熟练插入单元格、行、列、工作表、图表、分页符、符号等；熟练掌握设置工作表的页面格式等操作。

平台数据统计表

序号	直播间名称	农产品类型	省份	销售数量	销售额	观看人数	点赞数	评论数	分享数	农户收入
1	田园优选	果蔬类	四川省	1000	￥50,000.00	10000	5000	500	1000	￥47,500.00
2	乡村小院农产品	畜牧产品类	贵州省	800	￥40,000.00	8000	4000	400	800	￥38,000.00
3	美好生活农品	手工艺品类	云南省	700	￥35,000.00	7000	3500	350	750	￥33,750.00
4	奶奶的田绿色农产品	花卉类	西藏自治区	2000	￥100,000.00	12000	6000	600	1200	￥58,800.00
5	健康食材田园	茶叶类	青海省	1500	￥75,000.00	9000	4500	450	900	￥42,750.00
6	山野风味农产品	粮油类	甘肃省	1200	￥60,000.00	8000	4000	400	850	￥38,450.00
7	舌尖上的农庄	畜牧产品类	陕西省	1800	￥90,000.00	10000	5500	550	1100	￥49,950.00
8	绿色田园餐桌	中药材类	宁夏回族自治区	1400	￥70,000.00	7500	3750	375	750	￥39,750.00
9	田园风土特产	蜂产品类	新疆维吾尔自治区	1650	￥8,250.00	85	42	42	83	￥4,242.00
10	田园诗画农产品	茶叶类	内蒙古自治区	1100	￥55,000.00	7500	4000	400	700	￥37,250.00
11	美好农家乐农产品	手工艺品类	广西壮族自治区	1600	￥80,000.00	10000	5000	500	1000	￥47,500.00
12	绿色家园农品	水产品类	海南省	987	￥4,936.00	623	3114	311	6234	￥3,997.50

制表日期：　2023年8月31日

图 8-1　平台数据统计表的参考样张

操作步骤

1. 输入表格内容

（1）打开 WPS 表格的工作界面。

（2）单击 A1 单元格，输入表格的标题"平台数据统计表"。

（3）从第二行中的 A2 单元格开始，依次输入列标题（序号、直播间名称、农产品类型、省份、销售数量、销售额、观看人数、点赞数、评论数、分享数、农户收入）。

（4）从第三行中的 A3 单元格开始，输入表格的具体内容，如图 8-2 所示。

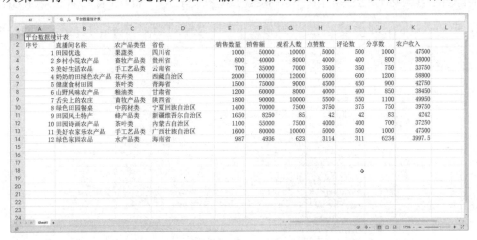

图 8-2　输入内容后的平台数据统计表

2. 设置单元格格式

（1）单击 A1 单元格后，按住鼠标左键不放，拖动鼠标到 K1 单元格后释放鼠标左键，选中 A1:K1 单元格区域，此时 A1:K1 单元格区域呈灰色显示。

（2）单击"开始"选项卡的"对齐方式"选项组中的"合并"下拉按钮，在弹出的下拉菜单中选择"合并居中"命令，A1:K1 单元格区域会合并为一个单元格，并且标题内容会居中显示，将字体设置为黑体，将字号设置为 16。

（3）选中 A2:K2 列标题区域，将表头的字体格式设置为"黑体、12"，效果如图 8-3 所示。

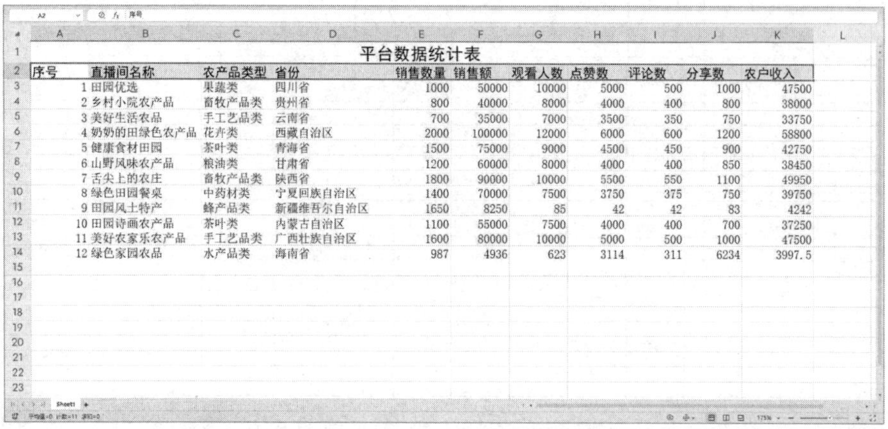

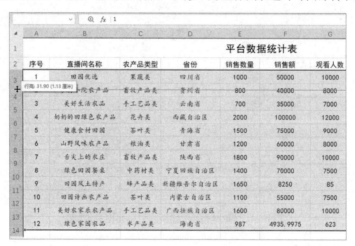

图 8-3　设置标题和表头的格式后的效果

（4）选中 A3:K14 单元格区域，将表格中除标题和表头以外的其他内容的字体设置为楷体；将鼠标指针移动到第 1 行和第 2 行的行号之间，当鼠标指针变成双向箭头形状时，按住鼠标左键不放，向下拖动鼠标，调整行高。使用同样的方式调整列宽，使各列中的内容完整显示。

（5）将鼠标指针移动到第 3 行的行号上，当鼠标指针变成向右的箭头时，按住鼠标左键不放，向下拖动鼠标，选中表格中除标题行和表头行以外的所有行，把鼠标指针移动到行号之间，按住鼠标左键不放，拖动鼠标，同步调整所有选中行的行高，如图 8-4 所示。

图 8-4　同步调整所有选中行的行高

（6）选中 A2:K14 单元格区域，单击"开始"选项卡的"对齐方式"选项组中的"水平居中"按钮 三 和"垂直居中"按钮 三，将表格的各个单元格中的内容居中显示。

（7）选中"销售额"列中的所有数据，单击"开始"选项卡的"数字格式"选项组中的"中文货币符号"下拉按钮，在弹出的下拉菜单中选择"会计专用"命令，使用同样的方法将其他列中表示金额的数字的格式都设置为"会计专用"，效果如图 8-5 所示。

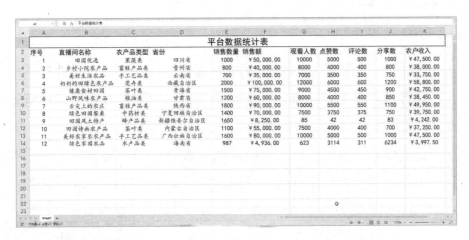

图 8-5　设置表格中数据的对齐方式和数字的格式后的效果

3. 设置表格边框

（1）选中 A2:K14 单元格区域，单击"开始"选项卡的"字体"选项组中的"所有框线"按钮，给表格加上框线，效果如图 8-6 所示。

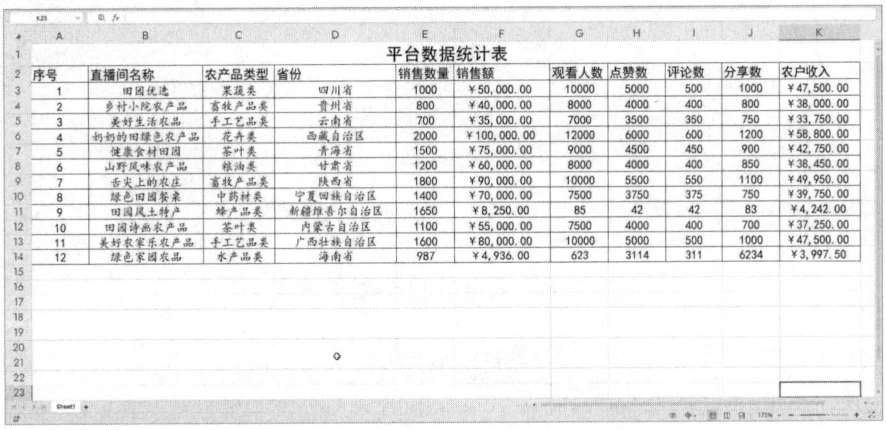

图 8-6　给表格加上框线后的效果

（2）对 H15:I15 单元格区域进行合并后居中操作，并在该单元格内输入"制表日期："；对 J15:K15 单元格区域进行合并后居中操作，并在该单元格内输入"2023 年 8 月 31 日"。

（3）选中 A2:K14 单元格区域后右击，在弹出的快捷菜单中选择"设置单元格格式"命令，打开"单元格格式"对话框，选择"边框"选项卡，在"样式"列表中选择"双线"选项，在"预置"选区中选择"外边框"选项，如图 8-7 所示，单击"确定"按钮，将表格的边框设置为双线。

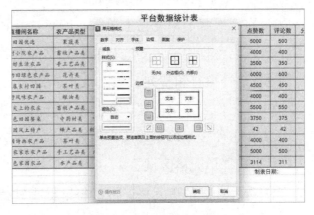

图 8-7　"单元格格式"对话框

4. 预览与打印

（1）单击快速访问工具栏中的"打印预览"按钮，或者选择"文件"菜单的"打印"子菜单中的"打印预览"命令，在弹出的打印预览窗口中可以看到打印预览效果。

（2）因表格较宽，在打印预览窗口中看到的表格不完整，在打印预览窗口右侧的"打印设置"窗格中设置纸张方向为横向，可以看到完整的打印预览效果，如图 8-8 所示，单击"打印设置"窗格中的"打印(Enter)"按钮，即可从打印机中打印出表格。

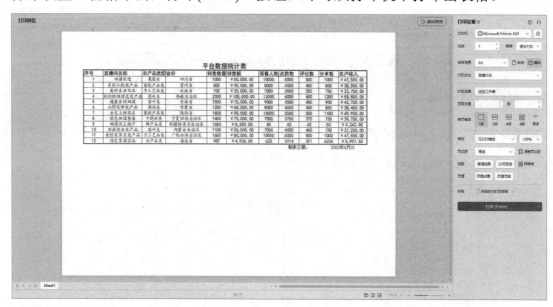

图 8-8　完整的打印预览效果

知识解析

1. 单元格的选择

（1）选择单个单元格。

选择单个单元格的方法有以下两种：

① 在要选择的单元格上单击，即可选择该单元格，并使其成为活动单元格。

② 在名称框中输入要选择的单元格的名称，然后按 Enter 键，即可选择该单元格。

（2）选择整行和整列。

① 在工作表中单击要选择的行的行号，就可以选择该行。

② 在工作表中单击要选择的列的列号，就可以选择该列。

（3）选择单元格区域。

① 选择连续的单元格区域：将鼠标指针指向该区域的第一个单元格，按住鼠标左键不放，拖动鼠标至最后一个单元格，松开鼠标左键即可完成选择，选中的区域以灰色背景显示，效果如图 8-9 所示。

② 选择不连续的单元格区域：按住 Ctrl 键后选择每个单元格区域，松开 Ctrl 键即可完成选择，效果如图 8-10 所示。

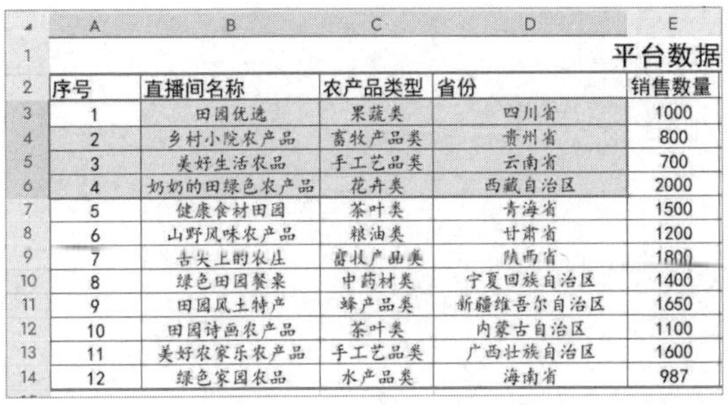

				平台数据
序号	直播间名称	农产品类型	省份	销售数量
1	田园优选	果蔬类	四川省	1000
2	乡村小院农产品	畜牧产品类	贵州省	800
3	美好生活农品	手工艺品类	云南省	700
4	奶奶的田绿色农产品	花卉类	西藏自治区	2000
5	健康食材田园	茶叶类	青海省	1500
6	山野风味农产品	粮油类	甘肃省	1200
7	舌尖上的农庄	畜牧产品类	陕西省	1800
8	绿色田园餐桌	中药材类	宁夏回族自治区	1400
9	田园风土特产	蜂产品类	新疆维吾尔自治区	1650
10	田园诗画农产品	茶叶类	内蒙古自治区	1100
11	美好农家乐农产品	手工艺品类	广西壮族自治区	1600
12	绿色家园农品	水产品类	海南省	987

图 8-9　选择连续的单元格区域后的效果

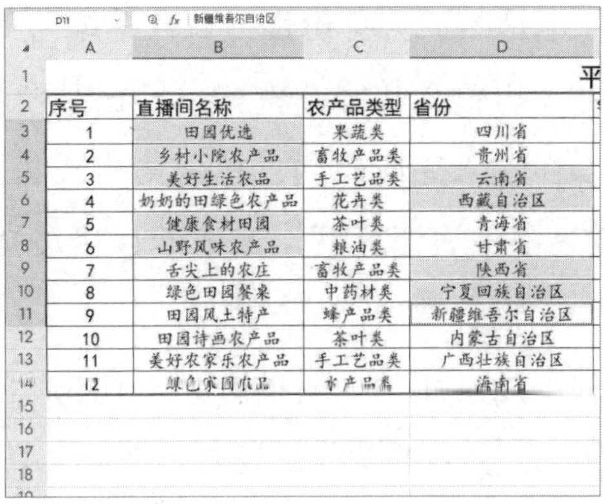

序号	直播间名称	农产品类型	省份
1	田园优选	果蔬类	四川省
2	乡村小院农产品	畜牧产品类	贵州省
3	美好生活农品	手工艺品类	云南省
4	奶奶的田绿色农产品	花卉类	西藏自治区
5	健康食材田园	茶叶类	青海省
6	山野风味农产品	粮油类	甘肃省
7	舌尖上的农庄	畜牧产品类	陕西省
8	绿色田园餐桌	中药材类	宁夏回族自治区
9	田园风土特产	蜂产品类	新疆维吾尔自治区
10	田园诗画农产品	茶叶类	内蒙古自治区
11	美好农家乐农产品	手工艺品类	广西壮族自治区
12	绿色家园农品	水产品类	海南省

图 8-10　选择不连续的单元格区域后的效果

（4）选择整个工作表。

如果要选择整个工作表，则只需将鼠标指针移动到工作表左上角行号和列号交叉的按钮上，当鼠标指针变成空心十字时单击即可，效果如图 8-11 所示，此时工作表中的单元格区域以灰色背景显示。如果要取消选择，则单击工作表中的任意一个单元格即可。

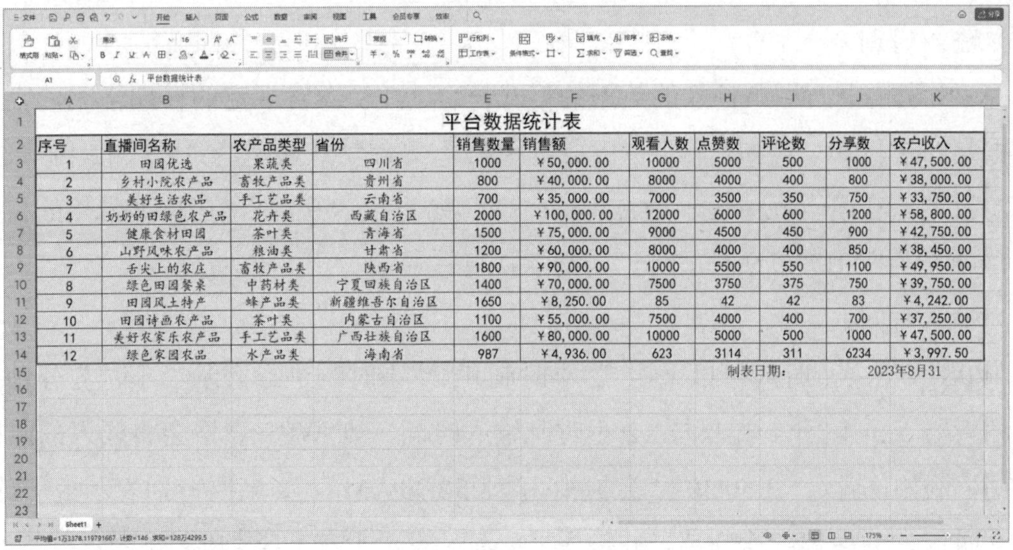

平台数据统计表

序号	直播间名称	农产品类型	省份	销售数量	销售额	观看人数	点赞数	评论数	分享数	农户收入
1	田园优选	果蔬类	四川省	1000	￥50,000.00	10000	5000	500	1000	￥47,500.00
2	乡村小院农产品	畜牧产品类	贵州省	800	￥40,000.00	8000	4000	400	800	￥38,000.00
3	美好生活农品	手工艺品类	云南省	700	￥35,000.00	7000	3500	350	750	￥33,750.00
4	奶奶的田绿色农产品	花卉类	西藏自治区	2000	￥100,000.00	12000	6000	600	1200	￥58,800.00
5	健康食材田园	茶叶类	青海省	1500	￥75,000.00	9000	4500	450	900	￥42,750.00
6	山野风味农产品	粮油类	甘肃省	1200	￥60,000.00	8000	4000	400	850	￥38,450.00
7	舌尖上的农庄	畜牧产品类	陕西省	1800	￥90,000.00	10000	5500	550	1100	￥49,950.00
8	绿色田园餐桌	中药材类	宁夏回族自治区	1400	￥70,000.00	7500	3750	375	750	￥39,750.00
9	田园风土特产	蜂产品类	新疆维吾尔自治区	1650	￥8,250.00	85	42	42	83	￥4,242.00
10	田园诗画农产品	茶叶类	内蒙古自治区	1100	￥55,000.00	7500	4000	400	700	￥37,250.00
11	美好农家乐农产品	手工艺品类	广西壮族自治区	1600	￥80,000.00	10000	5000	500	1000	￥47,500.00
12	绿色家园农品	水产品类	海南省	987	￥4,936.00	623	3114	311	6234	￥3,997.50

制表日期：2023年8月31

图 8-11　选择整个工作表后的效果

2. 向工作表中输入数据

在 WPS 表格中，工作表内的数据包括文本、数字、日期和时间等内容。向工作表中输入数据就是要把数据输入工作表中的单元格。

（1）输入文本。

① 文本型数据包括汉字、英文字母、数字、空格，以及其他能通过键盘输入的符号。

② 在输入文本时，首先单击要输入文本的单元格（使其成为活动单元格），然后通过

键盘输入文本。

③ 在默认情况下，输入的数字都是数字型数据。在输入由数字组成的文本（如邮政编码、电话号码、身份证号、订单编号等不进行运算的数字）时，可先输入英文状态下的单引号，再输入数字。例如，要在某个单元格中输入订单编号 108，既可以输入"'108"，也可以在输入完成后通过单元格格式将其设置为文本型。

④ 在默认情况下，文本型数字及文字在单元格中左对齐。

（2）输入数字。

数字是可用于计算的数据，在单元格中输入数字时有以下规则：

① 数字中可以包括逗号，如"1,450,500"。

② 在输入负数时，既可以在数字的前面加一个减号，也可以用圆括号"（）"将数字括起来输入，如"（28）"和"-28"都表示输入同一个数"-28"。

③ 当输入的数字的长度超过单元格的宽度时，WPS 表格将采用科学记数法来表示输入的数字。例如，在输入数字"1234567890000"时，WPS 表格会在单元格中用"1.23457E+12"显示该数字，但在编辑栏中可以显示全部数据。

④ 在默认情况下，输入的数字在单元格中右对齐。

（3）输入日期。

在 WPS 表格中，如果输入的数据的格式符合 WPS 表格规定的日期格式，则认为输入的数据是一个日期。例如，输入"9-12""9/12"等都默认显示为"9 月 12 日"，并默认为当年的日期，在编辑栏中显示为带年的日期，如"2019/9/12"。在输入带年的日期时，如"2017-9-12""2017 年 9 月 12 日"，则默认直接显示为"2017/9/12"。

（4）输入时间。

在 WPS 表格中，时间可以采用 12 小时制和 24 小时制进行表示，小时与分钟或秒之间用半角冒号（:）隔开。如果按 12 小时制输入时间，则 WPS 表格会将插入的时间当作上午时间，例如，输入"3:50:30"，会被视为"3:50:30 AM"。如果要特别表示上午或下午，则只需在时间的后面留一个空格，并输入"AM"（表示上午）或"PM"（表示下午）即可。例如，输入"3:50:30 PM""15:50:30"都表示同一个时间。

🎓 **提示**：如果要在单元格中输入当前日期，则可以按"Ctrl+;（分号）"组合键；如果要在单元格中输入当前时间，则可以按"Ctrl+Shift+;（分号）"组合键。

（5）快速输入数据。

在使用 WPS 表格制作表格时，有时会遇到要输入大量相同数据或有规律数据的情况，这时利用 WPS 表格提供的快速输入数据的方法进行输入，既可以提高输入速度，也可以降低出错概率。快速输入数据的方法有以下几种。

① 输入日期和时间序列。

日期和时间序列包括：一月、二月……十二月，星期一、星期二……星期日，以及日期增量或自定义的第 1 季度、第 2 季度、第 3 季度、第 4 季度等。

输入日期和时间序列的方法是：先单击"文件"下拉菜单中的"选项"命令，打开"选项"对话框，在该对话框的左侧列表中选择"自定义序列"选项，在右侧的"自定义序列"列表中选择要填充的序列选项（如果"自定义序列"列表中没有要填充的序列选项，则可以在"输入序列"列表中进行设置，然后单击"添加"按钮，此时"自定义序列"列表中就会出现添加的序列选项），如图 8-12 所示，单击"确定"按钮，接着在某个单元格中输入第一个日期或时间数据（如星期一），然后将鼠标指针移动到该单元格的右下角，当鼠标指针变成实心十字 时，按住鼠标左键不放，向需要的方向拖动鼠标，到达位置后松开鼠标左键，序列数据会被自动填充。除了星期序列，WPS 表格还可以填充其他的日期和序列。

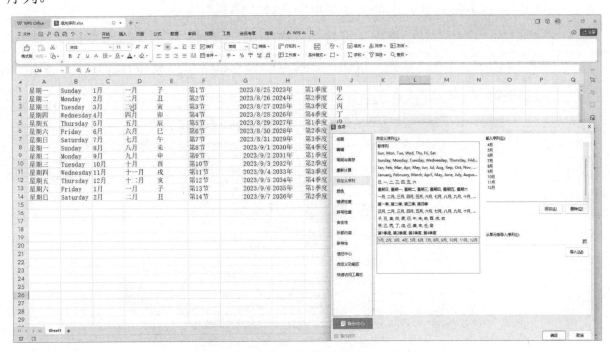

图 8-12　WPS 表格可以填充的序列

② 同时在多个单元格中输入相同的数据。

有时工作表的一些单元格中的内容是相同的，可以同时在这些单元格中输入数据，以提高输入效率。例如，要建立一个课程表，其中有一些课程名是相同的，同时输入相同课程名的步骤如下：

- 选定要输入相同内容的多个单元格，直接输入内容。
- 输入完成后，按"Ctrl+Enter"组合键，则多个单元格中即可输入相同的内容，如图 8-13 所示。

图 8-13　在多个单元格中输入相同的内容

③ 输入等差（或等比）序列。

输入等差（或等比）序列的步骤如下：

- 先在某个单元格中输入第一个数，然后将鼠标指针移动到该单元格的右下角，当鼠标指针变成实心十字时，按住鼠标右键不放，向需要的方向拖动鼠标，到达位置后松开鼠标右键，在弹出的快捷菜单中选择"序列"命令。
- 在弹出的"序列"对话框中，设置序列产生在行或列、序列类型和步长值后，如图 8-14 所示，单击"确定"按钮，则选定的单元格区域内就按设置的类型和步长值自动填充数据。

图 8-14　"序列"对话框

3. 数据的编辑

数据的编辑是指对单元格中的数据进行替换、修改、删除、复制和移动等操作。

（1）替换数据。

单击要替换数据的单元格（使之成为活动单元格），在该单元格中直接输入新数据。这样单元格中原有的内容就会被替换为新输入的内容。

（2）修改数据。

修改数据的方法有以下两种：

① 双击需要修改数据的单元格，移动光标到需要修改的字符位置，直接修改。

② 将需要修改数据的单元格变为活动单元格，单击编辑栏，在编辑栏中对数据进行修改。修改完成后，单击编辑栏左侧的 ✔ 按钮或直接按 Enter 键，可以保存修改后的数据；单击编辑栏左侧的 ✕ 按钮或按 Esc 键，可以取消所做的修改。

（3）删除数据。

删除数据的方法有以下 3 种：

① 选中要删除的数据所在的单元格（或单元格区域），然后按 Delete 键即可删除。此时的删除是删除该单元格（或单元格区域）中的数据，而不是删除其格式、批注等属性。

② 选中要删除的数据所在的单元格（或单元格区域）并右击，在弹出的快捷菜单中选择"清除内容"命令即可，如图 8-15 所示。

③ 选中要删除的数据所在的单元格（或单元格区域），单击"开始"选项卡"字体"选项组中的"清除"下拉按钮，在弹出的下拉菜单中选择"内容"命令，如图 8-16 所示。通过下拉菜单中的命令还可以进行清除单元格格式的操作。

图 8-15　选择"清除内容"命令

图 8-16　"清除"下拉菜单

（4）插入整行（或整列）。

① 插入整行。

先选中一行中的任意一个单元格，然后单击"开始"选项卡的"单元格"选项组中的"行和列"下拉按钮，在弹出的下拉菜单的"插入单元格"子菜单中选择"在上方插入行"命令，即可在选中的单元格所在行的上方插入一个空白行，如图 8-17 所示。

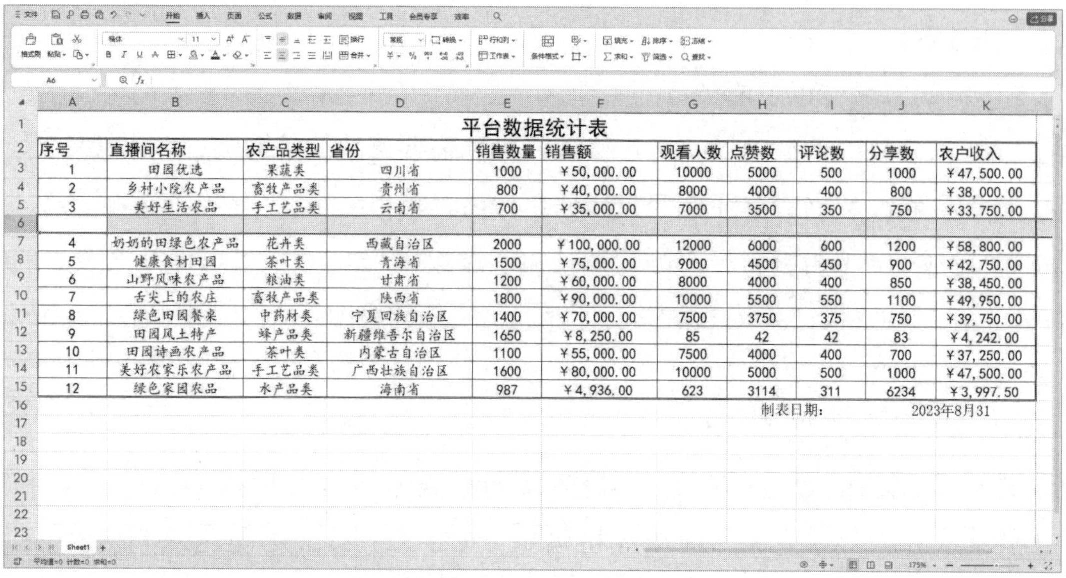

图 8-17　插入整行后的效果

也可以右击选中的单元格，在弹出的快捷菜单的"插入"子菜单中选择"在上方插入行"命令，即可在选中的单元格所在行的上方插入一个空白行。

② 插入整列。

先选中一列中的任意一个单元格，然后单击"开始"选项卡的"单元格"选项组中的"行和列"下拉按钮，在弹出的下拉菜单中选择"插入单元格"子菜单中的"在左侧插入列"命令，即可在选中的单元格所在列的左侧插入一个空白列。

也可以右击选中的单元格，在弹出的快捷菜单的"插入"子菜单中选择"在左侧插入列"命令，即可在选中的单元格所在列的左侧插入一个空白列。

🎓 **提示**：在通过上述方法插入整行（或整列）时，如果选中多行（或多列）单元格，则会插入多行（或多列）单元格，选中几行（或几列）单元格就会插入几行（或几列）单元格。

（5）删除整行（或整列）。

先选中要删除的行（或列）中的任意一个单元格，然后单击"开始"选项卡的"单元格"选项组中的"行和列"下拉按钮，在弹出的下拉菜单中选择"删除单元格"子菜单中的"删除行"命令（或"删除列"命令），即可删除整行（或整列）。

如果选中多行（或多列）单元格，单击"开始"选项卡的"单元格"选项组中的"行和列"下拉按钮，在弹出的下拉菜单中选择"删除单元格"子菜单中的"删除行"命令（或者"删除列"命令），则会删除多行（或多列）单元格，选中几行（或几列）单元格就删除几行（或几列）单元格。

🎓 **提示**：删除整行（或整列）是将该行（或列）的数据及其单元格全部删除；选中整行

（或整列）后按 Delete 键，则仅删除其中的数据，而不能删除单元格。

（6）复制数据。

如果要向工作表的不同单元格中输入相同的数据，则可以进行复制操作。复制数据的方法如下：

① 选中要复制的数据所在的单元格或单元格区域（称"源数据区"）。

② 单击"开始"选项卡的"剪贴板"选项组中的"复制"按钮，或者右击要复制的数据所在的单元格或单元格区域，在弹出的快捷菜单中选择"复制"命令，此时源数据区的周边会出现动态的虚线。

③ 在目标单元格或单元格区域（称"目的数据区"）上单击，然后单击"开始"选项卡的"剪贴板"选项组中的"粘贴"按钮，或者右击目的数据区，在弹出的快捷菜单中选择"粘贴"命令，即可完成复制，效果如图 8-18 所示。

（7）移动数据。

移动数据的方法与复制数据的方法类似，只不过将"复制"命令修改为"剪切"命令。移动数据操作完成后，源数据区中的数据将移动到目的数据区中。

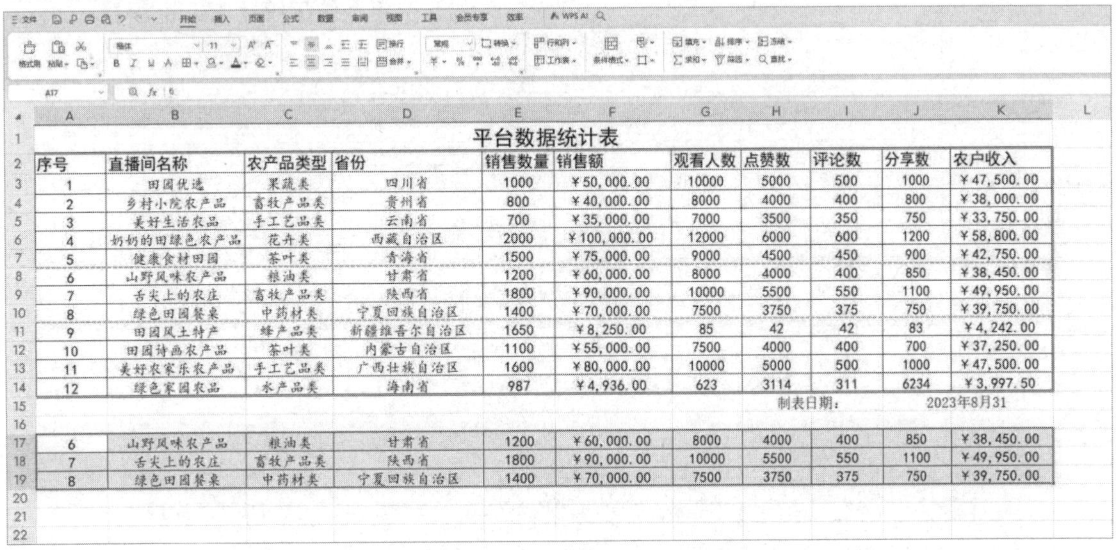

图 8-18　复制数据后的效果

4. 设置表格的字体、字号、边框和对齐方式

（1）设置表格的字体、字号、字体颜色和填充背景。

通过 WPS 表格的"开始"选项卡的"字体"选项组中的相关按钮进行设置。

（2）设置单元格的对齐方式。

在制作表格时，表格中的数据需要不同的对齐方式，可通过设置单元格的对齐方式来完成。

① 标题的居中：标题需要单元格合并后居中显示，选中需要进行合并后居中操作的所有单元格，然后单击"开始"选项卡的"对齐方式"选项组中的"合并"下拉按钮，在弹出的下拉菜单中选择"合并居中"命令即可完成操作。

② 单元格中数据的对齐方式分为以下 6 种情况。

- 顶端对齐 ⚌：使单元格中的数据沿单元格的顶端对齐。

- 垂直居中 ☰：使单元格中的数据上下居中。

- 底端对齐 ⚏：使单元格中的数据沿单元格的底端对齐。

- 左对齐 ☰：使单元格中的数据左对齐。

- 水平居中 ☰：使单元格中的数据左右居中。

- 右对齐 ☰：使单元格中的数据右对齐。

③ 旋转数据的角度：单击"开始"选项卡中的"对齐方式"选项组右下角的"对话框启动器"按钮 ，打开"单元格格式"对话框，在"对齐"选项卡的"方向"选区中可以设置单元格中文本的旋转角度，如图 8-19 所示。

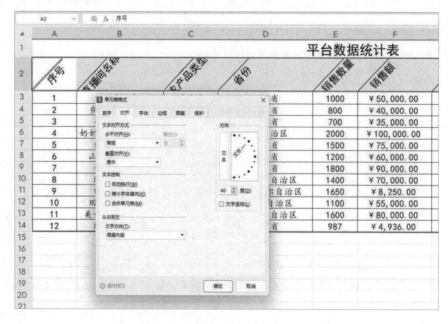

图 8-19　设置单元格中文本的旋转角度

（3）设置表格的边框。

工作表中的边框为虚边框，在打印输出时是不显示的，因此需要设置边框。

选中要设置表格边框的单元格区域，单击"开始"选项卡的"字体"选项组中的"所有框线"下拉按钮，通过弹出的下拉菜单中的命令可以设置所需要的边框，如图 8-20 所示，也可以根据需要设置边框的线型、粗细、颜色等格式，还可以自己绘制各种类型的边框。

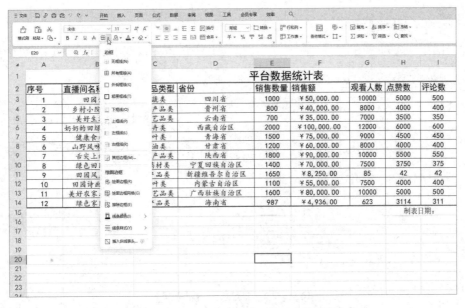

图 8-20　"所有框线"下拉菜单

5. 设置数字和日期的格式

WPS 表格所处理的数据以数字居多，因此在工作表中设置数字的格式很重要。例如，在表示金额的数据中常用"货币"格式或"会计专用"格式，日期的表示有长日期和短日期之分。

（1）设置数字或日期的格式。

设置数字或日期的格式的操作步骤如下：

① 选中要设置数字或日期的格式的单元格或单元格区域。

② 单击"开始"选项卡的"数字格式"选项组中的"数字格式"下拉按钮，在弹出的下拉菜单中可以选择不同的数字或日期格式，如图 8-21 所示。

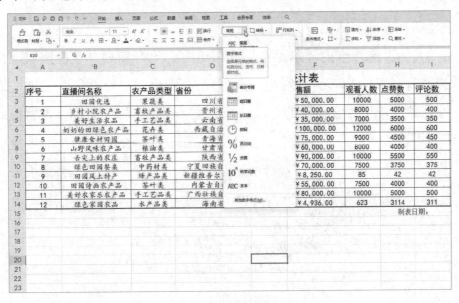

图 8-21　"数字格式"下拉菜单

（2）设置数字的其他格式。

通过“开始”选项卡的“数字格式”选项组中的按钮，可以设置数字的小数点位数、货币格式等，如图 8-22 所示。

序号	货币格式	百分比	长日期	短日期	科学计数法
1	¥ 58.00	5800.000%	2017年10月10日	2017/10/10	1.23457E+16
2	¥ 256.00	25600.000%	2017年10月11日	2017/10/11	1.23457E+16
3	¥ 56.50	5650.000%	2017年10月12日	2017/10/12	1.23457E+16
4	€ 280.00	28000.000%	2017年10月13日	2017/10/13	1.23457E+16
5	€ 56.00	5600.000%	2017年10月14日	2017/10/14	1.23457E+16
6	€ 183.00	18300.00%	2017年10月15日	2017/10/15	1.23457E+16
7	€ 83.00	8300.00%	2017年10月16日	2017/10/16	1.23457E+16
8	$ 355.00	35500.00%	2017年10月17日	2017/10/17	1.23457E+16
9	$ 83.00	8300.00%	2017年10月18日	2017/10/18	1.23457E+16
10	$ 100.00	10000.00%	2017年10月19日	2017/10/19	1.23457E+16
11	15.00 CHF	1500.00%	2017年10月20日	2017/10/20	1.23457E+16
12	93.00 CHF	9300.00%	2017年10月21日	2017/10/21	1.23457E+16
13	33.00 CHF	3300.00%	2017年10月22日	2017/10/22	1.23457E+16

图 8-22　数字的其他格式

6．设置表格的列宽和行高

在 WPS 表格中，当输入的数据的长度超过单元格默认的宽度时，如果右侧相邻的单元格中没有数据，则超出的数据会溢出到右侧相邻的单元格中。如果右侧相邻的单元格中有数据，则超出的数据会自动隐藏。此外，当输入的数据为数字时，如果输入的数字的长度超过单元格默认的宽度，则数字会以科学记数法显示，或者显示为“####”，这时就需要改变单元格的宽度。行高一般会随着输入数据的格式发生变化，但有时也需要调整行高，以得到更好的表格效果。

改变选中区域的行高和列宽的方法有以下两种。

（1）使用“行和列”下拉按钮。

操作步骤如下：

① 选中要调整行高（或列宽）的行（或列）。

② 单击“开始”选项卡的“单元格”选项组中的“行和列”下拉按钮，在弹出的下拉菜单中选择“行高”命令（或“列宽”命令），在弹出的“行高”对话框（或“列宽”对话框）中输入数值，可设置精确的行高（或列宽），如图 8-23 所示。设置完成后，单击“确定”按钮即可。

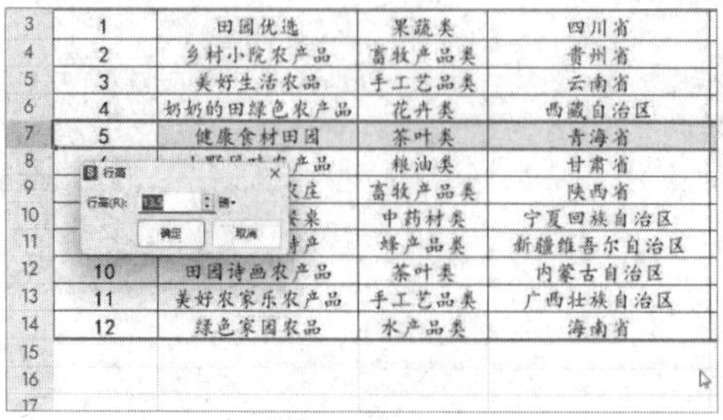

图 8-23　设置行高

提示：单击“开始”选项卡的“单元格”选项组中的“行和列”下拉按钮，如果在弹出的下拉菜单中选择“最适合的列宽”命令（或“最适合的行高”命令），则可以根据表格中的内容自动调整列宽（或行高），从而使表格可以完整显示单元格中的内容。

（2）使用鼠标。

直接使用鼠标拖动行线（或列线）可以更方便地调整行高（或列宽），操作步骤如下：

① 将鼠标指针移动到要改变行高（或列宽）的工作表的行号（或列号）之间的行线上。

② 当鼠标指针变成双向箭头形状时，按住鼠标左键不放，拖动鼠标，调整行高（或列宽）后松开鼠标左键。

举一反三　制作就业人员年平均工资表

制作 2022 年城镇私营单位分行业门类就业人员年平均工资表，参考样张如图 8-24 所示。

2022年城镇私营单位分行业门类就业人员年平均工资

单位：元，%

行业	2022年	2021	增长速度
合计	**¥ 65,237.00**	**¥ 62,884.00**	3.7
农、林、牧、渔业	¥ 42,605.00	¥ 41,442.00	2.8
采矿业	¥ 68,509.00	¥ 62,665.00	9.3
制造业	¥ 67,352.00	¥ 63,946.00	5.3
电力、热力、燃气及水生产和供应业	¥ 61,870.00	¥ 59,271.00	4.4
建筑业	¥ 60,918.00	¥ 60,430.00	0.8
批发和零售业	¥ 60,630.00	¥ 58,071.00	4.4
交通运输、仓储和邮政业	¥ 66,059.00	¥ 62,411.00	5.8
住宿和餐饮业	¥ 47,547.00	¥ 46,817.00	1.6
信息传输、软件和信息技术服务业	¥ 123,894.00	¥ 114,618.00	8.1
金融业	¥ 110,304.00	¥ 95,416.00	15.6
房地产业	¥ 56,435.00	¥ 58,288.00	-3.2
租赁和商务服务业	¥ 65,731.00	¥ 64,490.00	1.9
科学研究和技术服务业	¥ 81,569.00	¥ 77,708.00	5
水利、环境和公共设施管理业	¥ 44,714.00	¥ 43,366.00	3.1
居民服务、修理和其他服务业	¥ 47,760.00	¥ 47,193.00	1.2
教育	¥ 52,771.00	¥ 52,579.00	0.4
卫生和社会工作	¥ 71,060.00	¥ 67,750.00	4.9
文化、体育和娱乐业	¥ 56,769.00	¥ 56,171.00	1.1

图 8-24　2022 年城镇私营单位分行业门类就业人员年平均工资表的参考样张

拓展知识及训练

【拓展知识】使用表格样式快速设置表格格式

WPS 表格提供了许多预定义的表格样式，使用这些表格样式可以快速设置表格格式。

（1）创建表格时选择表格样式。

① 新建工作表，选择要快速设置为表格的单元格区域。

② 单击“开始”选项卡的“样式”选项组中的“表格样式”下拉按钮，在弹出的下拉菜单中选择一种表格样式，如图 8-25 所示，打开“套用表格样式”对话框。

③ 单击“确定”按钮，所选择的单元格区域会变为选择的表格样式，在表格中输入数据即可。

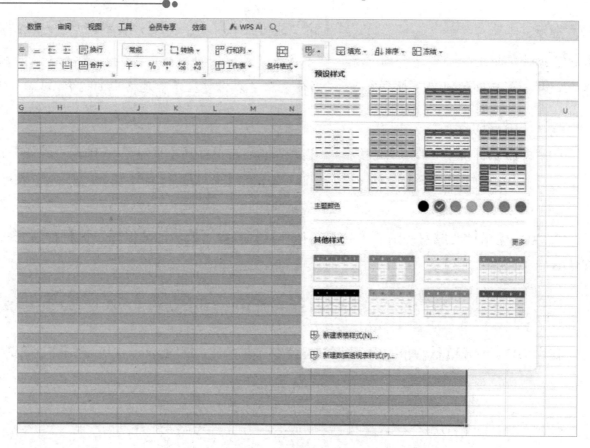

图 8-25　选择表格样式

（2）为现有表应用表格样式。

① 打开素材中的"学生成绩表"文件，选中 A2:K28 单元格区域。

② 单击"开始"选项卡的"样式"选项组中的"表格样式"下拉按钮，在弹出的下拉菜单中选择一种表格样式，打开"套用表格样式"对话框。

③ 单击"确定"按钮，所选择的单元格区域会变为选择的表格样式，效果如图 8-26 所示。

	A	B	C	D	E	F	G	H	I	J	K
2	学号	姓名	分组	专业课	文化课	课程总分	思想道德表现	个人成长	社会实践	德育总分	总成绩
3	202301	张伟	1组	88.0	90.0	178.00	85.0	78.0	90.0	84.4	262.40
4	202302	李明	2组	85.0	84.0	169.00	82.0	80.0	78.0	80.2	249.20
5	202303	王磊	1组	90.0	92.0	182.00	88.0	85.0	92.0	88.3	270.30
6	202304	赵丽	3组	88.0	91.0	179.00	90.0	80.0	90.0	87.0	266.00
7	202305	王芳	2组	84.0	89.0	173.00	78.0	75.0	85.0	79.2	252.20
8	202306	李红	3组	89.0	92.0	181.00	84.0	82.0	91.0	85.5	266.50
9	202307	陈华	1组	92.0	91.0	183.00	89.0	87.0	93.0	89.6	272.60
10	202308	刘杰	2组	91.0	93.0	184.00	92.0	84.0	92.0	89.6	273.60
11	202309	孙俊	3组	93.0	92.0	185.00	91.0	86.0	94.0	90.4	275.40
12	202310	张伟	1组	86.0	91.0	177.00	88.0	76.0	88.0	84.4	261.40
13	202311	王婷	2组	92.0	93.0	185.00	90.0	85.0	93.0	89.4	274.40
14	202312	李华	3组	89.0	90.0	179.00	87.0	83.0	90.0	86.7	265.70
15	202313	刘阳	1组	91.0	92.0	183.00	89.0	84.0	91.0	88.1	271.10
16	202314	陈静	2组	87.0	87.0	174.00	84.0	79.0	86.0	83.1	257.10
17	202315	杨柳	3组	88.0	94.0	182.00	92.0	88.0	92.0	90.8	272.80
18	202316	黄海	2组	89.0	93.0	182.00	90.0	83.0	91.0	88.2	270.20
19	202317	赵勇	3组	90.0	91.0	181.00	89.0	86.0	92.0	89.0	270.00
20	202318	周峰	1组	92.0	94.0	186.00	91.0	87.0	93.0	90.4	276.40
21	202319	吴凡	2组	85.0	88.0	173.00	82.0	77.0	85.0	81.4	254.40
22	202320	郑琳	3组	88.0	92.0	180.00	89.0	82.0	91.0	87.5	267.50
23	202321	梁思	1组	90.0	91.0	181.00	87.0	84.0	90.0	87.0	268.00
24	202322	熊磊	2组	92.0	93.0	185.00	91.0	86.0	93.0	90.1	275.10

图 8-26　为现有表应用表格样式后的效果

【拓展训练】

对 "2022 年城镇私营单位分行业门类就业人员年平均工资表" 应用表格样式，样张效果如图 8-27 所示。

2022年城镇私营单位分行业门类就业人员年平均工资			
			单位:元,%
行业	2022年	2021	增长速度
合计	¥65,237.00	¥62,884.00	3.7
农、林、牧、渔业	¥ 42,605.00	¥ 41,442.00	2.8
采矿业	¥ 68,509.00	¥ 62,665.00	9.3
制造业	¥ 67,352.00	¥ 63,946.00	5.3
电力、热力、燃气及水生产和供应业	¥ 61,870.00	¥ 59,271.00	4.4
建筑业	¥ 60,918.00	¥ 60,430.00	0.8
批发和零售业	¥ 60,630.00	¥ 58,071.00	4.4
交通运输、仓储和邮政业	¥ 66,059.00	¥ 62,411.00	5.8
住宿和餐饮业	¥ 47,547.00	¥ 46,817.00	1.6
信息传输、软件和信息技术服务业	¥ 123,894.00	¥ 114,618.00	8.1
金融业	¥ 110,304.00	¥ 95,416.00	15.6
房地产业	¥ 56,435.00	¥ 58,288.00	-3.2
租赁和商务服务业	¥ 65,731.00	¥ 64,490.00	1.9
科学研究和技术服务业	¥ 81,569.00	¥ 77,708.00	5
水利、环境和公共设施管理业	¥ 44,714.00	¥ 43,366.00	3.1
居民服务、修理和其他服务业	¥ 47,760.00	¥ 47,193.00	1.2
教育	¥ 52,771.00	¥ 52,579.00	0.4
卫生和社会工作	¥ 71,060.00	¥ 67,750.00	4.9
文化、体育和娱乐业	¥ 56,769.00	¥ 56,171.00	1.1

图 8-27 "2022 年城镇私营单位分行业门类就业人员年平均工资表" 应用表格样式后的样张效果

习 题

一、填空题

1. 在 WPS 表格中,如果用键盘选择 A1:C5 单元格区域,则应先将光标定位在_____内,按住键盘上的_____键,然后单击 C5 单元格即可。

2. 在执行操作之前,要先选取进行操作的对象,在选取多个不连续的单元格时,应按住键盘上的_____键。

3. 在单元格内输入邮政编码"600146",正确的输入方法是_____。

4. 在默认情况下,输入单元格内的数字会自动_____对齐,输入单元格内的文本会自动_____对齐。

二、选择题

1. 在 WPS 表格内复制选定的工作表的操作过程中,在弹出的"移动或复制工作表"对话框中,如果没有勾选"建立副本"复选框,则表示文件的(　　　)。

　　A．复制　　　　　　B．移动　　　　　　C．删除　　　　　　D．操作无效

2. 在 WPS 表格中,单元格的数据填充(　　　)。

　　A．与单元格的数据复制是一样的　　　B．与单元格的数据移动是一样的

　　C．必须在相邻单元格中进行　　　　　D．不一定在相邻单元格中进行

3. 如果在 WPS 表格的单元格中出现一连串的"######"符号,则表示(　　　)。

　　A．需重新输入数据　　　　　　　　　B．需调整该单元格的宽度

　　C．需删去该单元格　　　　　　　　　D．需删去这些符号

三、判断题

1. 打开一个 WPS 表格文件就是打开一个工作表。　　　　　　　　　　　　　(　　)

2. 在 WPS 表格中,一个工作簿默认包含 4 个工作表。　　　　　　　　　　(　　)

3. 复制单元格内数据的格式可以用"复制+选择性粘贴"方法。　　　　　　(　　)

4. 在 WPS 表格中,对单元格内的数据进行格式设置,必须选中该单元格。(　　)

第 9 章

WPS 表格电子表格的数据处理
——制作班级成绩表

本章重点掌握知识

1. 工作表的常规操作。
2. 公式的输入。
3. 数据的排序与筛选。
4. 分类汇总。
5. 单元格地址的引用。

任务描述

　　某高校的某个专业的辅导员统计学生成绩，将其所管的所有班级的学生成绩汇总在一个工作簿里，该工作簿有 8 个工作表，每个工作表存放一个班的学生成绩。各班的学生成绩统计表中包括学号、姓名、分组、专业课、文化课、课程总分、思想道德表现、个人成长、社会实践、德育总分、总成绩等信息。其中，课程总分=专业课分数+文化课分数，德育总分=思想道德表现分数×0.4+个人成长分数×0.3+社会实践分数×0.3。除了对每名学生的成绩进行计算和统计，还要计算出课程平均成绩、德育平均成绩、总分平均成绩等数据，成绩表制作完成后，要求对学生总分进行排序、筛选、汇总等操作，得到一些分析数据。要求将该成绩表存放在 D 盘的"工作目录"文件夹中，并命名为"班级成绩表"，参考样张如图 9-1 所示。

1班学生成绩统计表

学号	姓名	分组	专业课	文化课	课程总分	思想道德表现	个人成长	社会实践	德育总分	总成绩
202301	张伟	1组	88.0	90.0	178.00	85.0	78.0	90.0	84.4	262.40
202302	李明	2组	85.0	84.0	169.00	82.0	80.0	78.0	80.2	249.20
202303	王磊	1组	90.0	92.0	182.00	88.0	85.0	92.0	88.3	270.30
202304	赵丽	3组	88.0	91.0	179.00	90.0	80.0	90.0	87.0	266.00
202305	王芳	2组	84.0	89.0	173.00	78.0	75.0	85.0	79.2	252.20
202306	李红	3组	89.0	92.0	181.00	84.0	82.0	91.0	85.5	266.50
202307	陈华	1组	92.0	91.0	183.00	89.0	87.0	93.0	89.6	272.60
202308	刘杰	2组	91.0	93.0	184.00	92.0	84.0	92.0	89.6	273.60
202309	孙俊	3组	93.0	92.0	185.00	91.0	86.0	94.0	90.4	275.40
202310	张伟	1组	86.0	91.0	177.00	88.0	76.0	88.0	84.4	261.40
202311	王婷	2组	92.0	93.0	185.00	90.0	85.0	93.0	89.4	274.40
202312	李华	3组	89.0	90.0	179.00	87.0	83.0	90.0	86.7	265.70
202313	刘阳	1组	91.0	92.0	183.00	89.0	84.0	91.0	88.1	271.10
202314	陈静	2组	87.0	87.0	174.00	84.0	79.0	86.0	83.1	257.10
202315	杨辉	3组	88.0	94.0	182.00	92.0	88.0	92.0	90.8	272.80
202316	黄海	2组	89.0	93.0	182.00	90.0	83.0	91.0	88.2	270.20
202317	赵勇	3组	90.0	91.0	181.00	89.0	86.0	92.0	89.0	270.00
202318	周峰	1组	92.0	94.0	186.00	91.0	87.0	93.0	90.4	276.40
202319	吴凡	2组	85.0	88.0	173.00	82.0	77.0	85.0	81.4	254.40
202320	郑琳	3组	88.0	92.0	180.00	89.0	82.0	91.0	87.5	267.50
202321	梁思	1组	90.0	91.0	181.00	87.0	84.0	90.0	87.0	268.00
202322	熊磊	2组	92.0	93.0	185.00	91.0	86.0	93.0	90.1	275.10
202323	郭明	3组	86.0	90.0	176.00	84.0	80.0	87.0	83.7	259.70
202324	高翔	1组	88.0	95.0	183.00	91.0	85.0	93.0	89.8	272.80
202325	许诺	2组	89.0	92.0	181.00	90.0	84.0	91.0	88.5	269.50
202326	朱琳	3组	94.0	92.0	186.00	90.0	86.0	92.0	89.4	275.40
课程平均成绩：			180.31			德育平均成绩：		86.99		总分平均成绩： 267.30

图 9-1　班级成绩表的参考样张

通过完成本任务，读者应学会使用常用函数，能够对工作表中的数据进行排序、筛选、分类汇总，理解单元格地址的引用等操作。

操作步骤

1. 输入数据并调整格式

（1）启动 WPS 表格，打开 WPS 表格的工作界面。

（2）双击工作表标签"Sheet1"，然后输入新的工作表名"1班"。

（3）选择"1班"工作表，按照图 9-1 所示的参考样张输入原始数据，设置学号为文本数据，其他数字数据均保留一位小数，适当设置和调整格式，效果如图 9-2 所示。

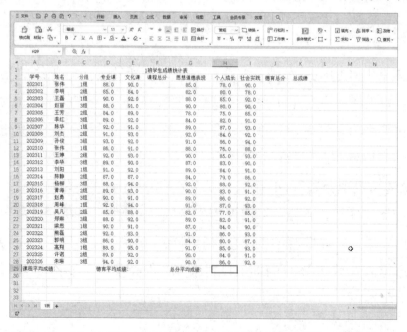

图 9-2　在"1班"工作表中输入原始数据并设置格式后的效果

🎓 **提示：** 由于每个班的学生成绩统计表中的数据基本相同，因此可以在一个工作表中进行全部操作，操作完成后，其他班的学生成绩统计表可通过复制该工作表的方法进行操作。

2. 使用公式进行计算

（1）计算每名学生的课程总分（课程总分=专业课分数+文化课分数）。选中 F3 单元格，单击"开始"选项卡的"数据处理"选项组中的"求和"按钮，单元格中会出现求和函数公式，如图 9-3 所示，按 Enter 键即可。

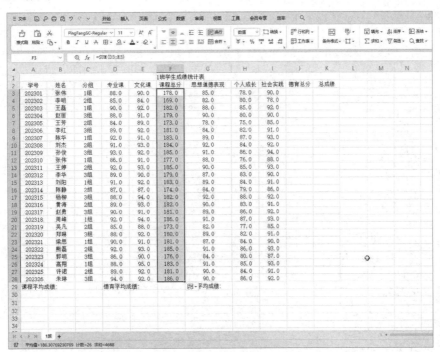

图 9-3　使用求和函数公式进行计算

（2）通过求和函数公式计算出第 1 名学生的课程总分后，再次选中 F3 单元格，将鼠标指针移动到该单元格的右下角，当鼠标指针变为实心十字 **+** 时，按住鼠标左键不放，向下拖动鼠标至最后一个记录后松开鼠标左键，这样每个记录中的"课程总分"就都计算出来了，如图 9-4 所示。

图 9-4　计算出每名学生的课程总分

（3）计算每名学生的德育总分（德育总分=思想道德表现分数×0.4+个人成长分数×0.3+社会实践分数×0.3）。选中 J3 单元格，在编辑栏中输入"=G3*0.4+H3*0.3+I3*0.3"，按 Enter 键后，再次选中 J3 单元格，将鼠标指针移动到该单元格的右下角，当鼠标指针变为实心十字 ✚ 时，按住鼠标左键不放，向下拖动鼠标至最后一个记录后松开鼠标左键，这样每个记录中的"德育总分"就都计算出来了，如图 9-5 所示。

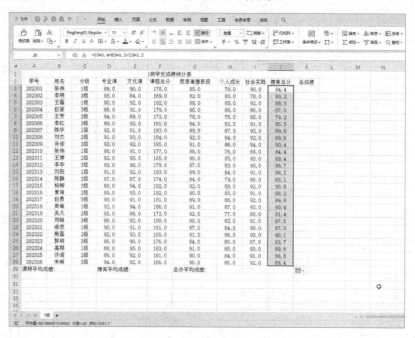

图 9-5　计算出每名学生的德育总分

（4）使用同样的方法计算出每名学生的总成绩，如图 9-6 所示。其中，总成绩（K3）=课程总分（F3）+德育总分（J3）。

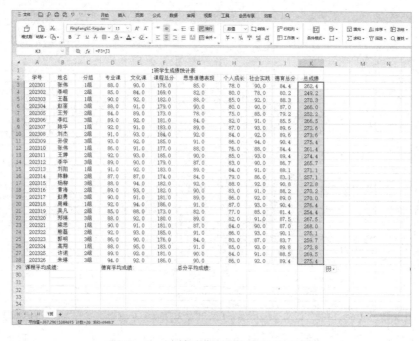

图 9-6　计算出每名学生的总成绩

（5）选中"总成绩"列中的数字型数据，单击"开始"选项卡的"数字格式"选项组中的"增加小数位数"按钮，将该列数据的格式设置为保留两位小数。使用同样的方法将"课程总分"列中的数据的格式设置为保留两位小数，如图 9-7 所示。

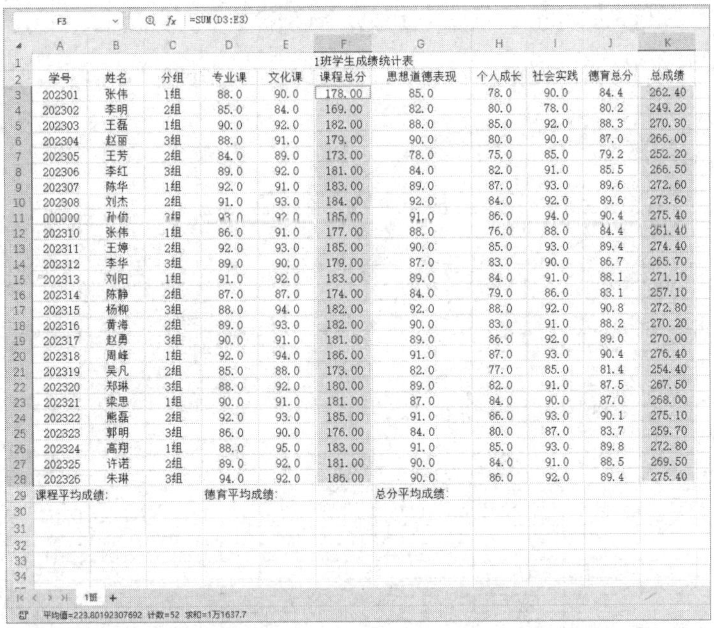

图 9-7　设置"总成绩"和"课程总分"列中数据的格式

（6）计算课程平均成绩。单击 C29 单元格（使之成为活动单元格，该单元格用来存放课程平均成绩数据），单击"开始"选项卡的"数据处理"选项组中的"求和"下拉按钮 ∑ 求和 ，在弹出的下拉菜单中选择"平均值"命令，单元格中会出现公式，选中"课程总分"列中的 F3:F28 单元格区域，此时在编辑栏中会自动出现"=AVERAGE(F3:F28)"，如图 9-8 所示，按 Enter 键，即可计算出平均值。

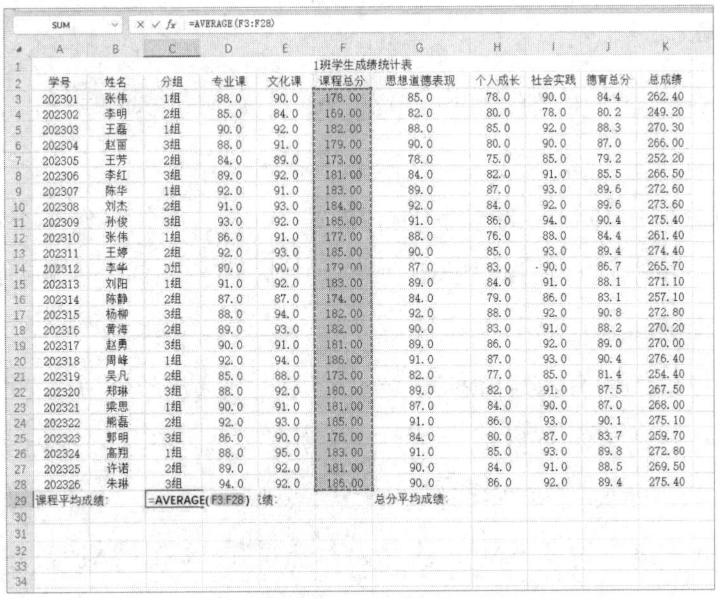

图 9-8　选中求平均值的单元格区域

（7）使用同样的方法，对德育平均成绩和总分平均成绩分别进行求平均值计算，将计算结果分别存放在 G29 和 J29 单元格，并设置这两个单元格的数字格式为保留两位小数。

（8）调整列宽和行高至合适大小，选择除表头以外的所有表格内容（A2:K29 单元格区域），单击"开始"选项卡的"字体"选项组中的"所有框线"下拉按钮，通过弹出的下拉菜单中的命令为表格加上边框线，其中设置表格的外框为粗线，设置所有单元格中的内容居中显示，预览效果如图 9-9 所示。

1班学生成绩统计表

学号	姓名	分组	专业课	文化课	课程总分	思想道德表现	个人成长	社会实践	德育总分	总成绩
202301	张伟	1组	88.0	90.0	178.00	85.0	78.0	90.0	84.4	262.40
202302	李明	2组	85.0	84.0	169.00	82.0	80.0	78.0	80.2	249.20
202303	王磊	1组	90.0	92.0	182.00	88.0	85.0	92.0	88.3	270.30
202304	赵丽	3组	88.0	91.0	179.00	90.0	80.0	90.0	87.0	266.00
202305	王芳	2组	84.0	89.0	173.00	78.0	75.0	85.0	79.2	252.20
202306	李红	3组	89.0	92.0	181.00	84.0	82.0	91.0	85.5	266.50
202307	陈华	1组	92.0	91.0	183.00	89.0	87.0	93.0	89.6	272.60
202308	刘杰	2组	91.0	93.0	184.00	92.0	84.0	92.0	89.6	273.60
202309	孙俊	3组	93.0	92.0	185.00	91.0	86.0	94.0	90.4	275.40
202310	张伟	1组	86.0	91.0	177.00	88.0	76.0	88.0	84.4	261.40
202311	王婷	2组	92.0	93.0	185.00	90.0	85.0	93.0	89.4	274.40
202312	李华	3组	89.0	90.0	179.00	87.0	83.0	90.0	86.7	265.70
202313	刘阳	1组	91.0	92.0	183.00	89.0	84.0	91.0	88.1	271.10
202314	陈静	2组	87.0	87.0	174.00	84.0	79.0	86.0	83.1	257.10
202315	杨柳	3组	88.0	94.0	182.00	92.0	88.0	92.0	90.8	272.80
202316	黄海	2组	89.0	93.0	182.00	90.0	83.0	91.0	88.2	270.20
202317	赵勇	3组	90.0	91.0	181.00	89.0	86.0	92.0	89.0	270.00
202318	周峰	1组	92.0	94.0	186.00	91.0	87.0	93.0	90.4	276.40
202319	吴凡	2组	85.0	88.0	173.00	82.0	77.0	85.0	81.4	254.40
202320	郑琳	3组	88.0	92.0	180.00	89.0	82.0	91.0	87.5	267.50
202321	梁思	1组	90.0	91.0	181.00	87.0	84.0	90.0	87.0	268.00
202322	熊磊	2组	92.0	93.0	185.00	91.0	86.0	93.0	90.1	275.10
202323	郭明	3组	86.0	90.0	176.00	84.0	80.0	87.0	83.7	259.70
202324	高翔	1组	88.0	95.0	183.00	91.0	85.0	93.0	89.8	272.80
202325	许诺	2组	89.0	92.0	181.00	90.0	84.0	91.0	88.5	269.50
202326	朱琳	3组	94.0	92.0	186.00	90.0	86.0	92.0	89.4	275.40
课程平均成绩：			180.31			德育平均成绩：		86.99	总分平均成绩：	267.30

图 9-9　给班级成绩表进行设置后的预览效果

（9）至此，1 班的学生成绩统计表制作完成，其他班的学生成绩统计表可通过复制"1班"工作表并修改后完成。将班级成绩表保存在 D 盘的"工作目录"文件夹中，并命名为"班级成绩表"。

3．排序和筛选

（1）在排序和筛选操作中，除标题行以外，行和列中不允许有合并单元格存在。因此，为了方便操作，将前面制作完成的"1班"工作表中的最后一行先删除。

（2）对德育总分按由高到低的顺序进行排序。单击"开始"选项卡的"数据处理"选项组中的"排序"下拉按钮，在弹出的下拉菜单中选择"降序"命令，则表格对德育总分按降序进行排序，如图 9-10 所示。

（3）对除表头以外的所有表格内容按"分组"和"总成绩"进行排序。选择除表头以外的所有表格内容（A2:K28 单元格区域），单击"开始"选项卡的"数据处理"选项组中的"排序"下拉按钮，在弹出的下拉菜单中选择"自定义降序"命令，打开"排序"对话框，在该对话框中，设置主要关键字为"分组"，次序为"升序"，单击"添加条件"按钮，设置次要关键字为"总成绩"，次序为"降序"，如图 9-11 所示。单击"确定"按钮，则表格先按分组进行升序排序，在分组相同的情况下，再按总成绩进行降序排序，如图 9-12 所示。

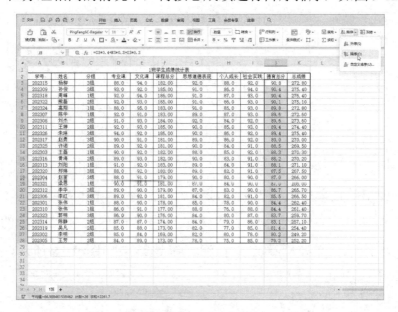

图 9-10　对德育总分按降序进行排序

图 9-11　"排序"对话框

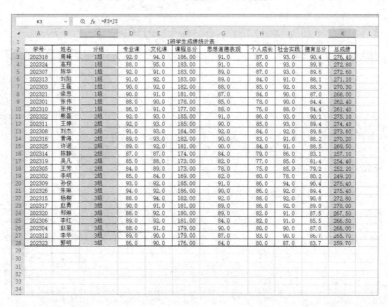

图 9-12　对除表头以外的所有表格内容按"分组"和"总成绩"进行排序

（4）筛选出总成绩大于或等于 260 分的学生。将列标题中的任意一个单元格变为活动单元格，单击"开始"选项卡的"数据处理"选项组中的"筛选"下拉按钮，在弹出的下拉菜单中选择"筛选"命令，在列标题单元格中会出现下拉按钮，如图 9-13 所示。

图 9-13　列标题单元格中出现下拉按钮

（5）单击列标题"总成绩"单元格中的下拉按钮▼，在弹出的下拉菜单中单击"数字筛选"按钮，在弹出的菜单中选择"大于或等于"命令，如图 9-14 所示，打开"自定义自动筛选方式"对话框，在该对话框的"大于或等于"下拉列表右侧的文本框中输入"260"，如图 9-15 所示，单击"确定"按钮，筛选结果如图 9-16 所示。

图 9-14　选择"大于或等于"命令

图 9-15　"自定义自动筛选方式"对话框

学号	姓名	分组	专业课	文化课	课程总分	思想道德表现	个人成长	社会实践	德育总分	总成绩
202318	周峰	1组	92.0	94.0	186.00	91.0	87.0	93.0	90.4	276.40
202324	高翔	1组	88.0	95.0	183.00	91.0	85.0	93.0	89.8	272.80
202307	陈华	1组	92.0	91.0	183.00	89.0	87.0	93.0	89.6	272.60
202313	刘阳	1组	91.0	92.0	183.00	89.0	84.0	91.0	88.1	271.10
202303	王磊	1组	90.0	92.0	182.00	88.0	85.0	92.0	88.3	270.30
202321	梁思	1组	90.0	91.0	181.00	87.0	84.0	90.0	87.0	268.00
202301	张伟	1组	88.0	90.0	178.00	85.0	78.0	90.0	84.4	262.40
202310	张伟	1组	86.0	91.0	177.00	88.0	76.0	88.0	84.4	261.40
202322	熊磊	2组	92.0	93.0	185.00	91.0	86.0	93.0	90.1	275.10
202311	王婷	2组	92.0	93.0	185.00	90.0	85.0	93.0	89.4	274.40
202308	刘杰	2组	91.0	93.0	184.00	92.0	84.0	92.0	89.6	273.60
202316	黄海	2组	89.0	93.0	182.00	90.0	83.0	91.0	88.2	270.20
202325	许诺	2组	89.0	92.0	181.00	90.0	84.0	91.0	88.5	269.50
202309	孙俊	3组	93.0	92.0	185.00	91.0	86.0	94.0	90.4	275.40
202326	朱琳	3组	94.0	92.0	186.00	90.0	86.0	94.0	89.4	275.40
202315	杨柳	3组	88.0	94.0	182.00	92.0	86.0	92.0	90.8	272.80
202317	赵勇	3组	90.0	91.0	181.00	89.0	86.0	92.0	89.0	270.00
202320	郑琳	3组	88.0	92.0	180.00	90.0	81.0	94.0	87.5	267.50
202306	李红	3组	89.0	92.0	181.00	84.0	82.0	91.0	85.5	266.50
202304	赵丽	3组	88.0	91.0	179.00	90.0	80.0	90.0	87.0	266.00
202312	李华	3组	89.0	90.0	179.00	87.0	83.0	90.0	86.7	265.70

图 9-16　筛选出总成绩大于或等于 260 分的学生的结果

　提示：如果在筛选后打印，则只会打印出筛选后的结果，并不会打印出被隐藏的数据。如果要取消筛选，则只要再次单击"开始"选项卡的"数据处理"选项组中的"筛选"按钮即可。

4. 分类汇总

（1）分类汇总不同分组的总成绩平均分。对表格中除表头以外的所有内容（A2:K28 单元格区域）按"分组"进行升序排序。

（2）选择除表头以外的所有表格内容，单击"数据"选项卡的"分级显示"选项组中的"分类汇总"按钮，打开"分类汇总"对话框，在"分类字段"下拉列表中选择"分组"选项，在"汇总方式"下拉列表中选择"平均值"选项，在"选定汇总项"列表框中勾选"总成绩"复选框，勾选"替换当前分类汇总"和"汇总结果显示在数据下方"复选框，如图 9-17 所示。

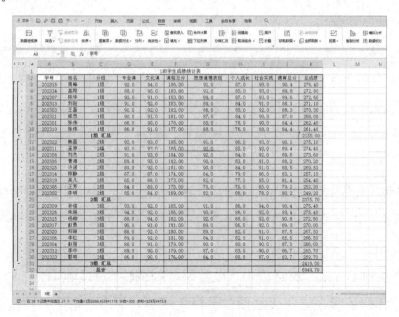

图 9-17　"分类汇总"对话框

（3）单击"确定"按钮，表格中除表头以外的所有内容将按分组进行分类汇总，结果如图 9-18 所示。

图 9-18　按分组进行分类汇总后的结果

知识解析

1. 工作表的基本操作

（1）切换工作表。

虽然一个工作簿由多个工作表组成，但在一个工作簿的窗口中只能显示一个工作表。用户可以通过切换工作表的方式来使用其他工作表。切换工作表的基本操作方法如下：

① 单击某个工作表标签，则该工作表被激活，成为当前工作表。

② 如果工作簿中的工作表较多，工作表标签没有显示出来，则可以单击底部的标签方向键，将工作表标签显示出来。

（2）选中工作表。

在对工作表进行操作前，需要先选中工作表。在 WPS 表格内选中工作表的方法有以下 4 种：

① 单击某个工作表标签可选中单个工作表。

② 先单击第一个工作表的标签，然后按住 Shift 键不放，单击另一个工作表的标签，可选中这两个工作表之间的所有工作表。

③ 先单击第一个工作表的标签，然后按住 Ctrl 键不放，单击其他工作表的标签，可选中所单击标签对应的所有工作表。

④ 右击任意一个工作表标签，在弹出的快捷菜单中选择"选定全部工作表"命令，可选中工作簿中的所有工作表。选中后的工作表标签将呈白底显示。

（3）移动或复制工作表。

在 WPS 表格中，既可以将工作表移动或复制到同一个工作簿中，也可以将工作表移动或复制到不同的工作簿中。操作方法如下：

① 将工作表移动或复制到同一个工作簿中。打开工作簿，右击要复制的工作表的标签，在弹出的菜单中选择"移动"命令，如图 9-19 所示，在打开的"移动或复制工作表"对话框中设置要将选中的工作表移动或复制到的位置，如图 9-20 所示，设置完成后，单击"确定"按钮。如果勾选"建立副本"复选框，则进行的是复制操作，否则进行的是移动操作。

② 如果移动或复制操作是在不同的工作簿中进行的，则需打开源工作簿和目标工作簿。在源工作簿中右击需要移动的工作表的标签，在弹出的快捷菜单中选择"移动"命令，打开"移动或复制工作表"对话框。

在"移动或复制工作表"对话框中，设置要复制或移动的目标工作簿和要将选中的工作表插入目标工作簿的哪个工作表之前，设置完成后，单击"确定"按钮。如果勾选"建立副本"复选框，则进行的是复制操作；如果不勾选"建立副本"复选框，则进行的是移动操作。

图 9-19　选择"移动"命令　　　　图 9-20　"移动或复制工作表"对话框

（4）添加工作表。

在通常情况下，工作簿中有一个工作表，用户可以根据需要添加工作表，有以下两种方法：

① 在任意一个工作表标签上右击，在弹出的快捷菜单中选择"插入工作表"命令，打开"插入工作表"对话框，如图 9-21 所示，单击"确定"按钮。如果要同时插入多个工作表，则在"插入工作表"对话框中调整"插入数目"数值框中的数值即可。

图 9-21　"插入工作表"对话框

② 在 WPS 表格中，单击工作表标签右侧的"插入工作表"按钮 +，可在当前工作簿的活动工作表后插入一个工作表。

（5）重命名工作表

在默认情况下，WPS 表格会自动给工作表依次取名为"Sheet1""Sheet2""Sheet3"等。如果需要，则可以对工作表进行重命名，有以下两种方法：

① 双击要重新命名的工作表的标签，然后输入新的名称。

② 在需要重新命名的工作表的标签上右击，在弹出的快捷菜单中选择"重命名"命令，然后输入新的名称。

（6）删除工作表。

删除工作表的方法有以下两种：

① 在需要删除的工作表的标签上右击，在弹出的快捷菜单中选择"删除"命令。

② 选中需要删除的工作表，单击"开始"选项卡的"单元格"选项组中的"工作表"下拉按钮，在弹出的下拉菜单中选择"删除工作表"命令。

（7）隐藏工作表。

如果当前工作簿中有许多工作表，则可以将暂时不用的工作表隐藏起来，操作方法是：在需要隐藏的工作表的标签上右击，在弹出的快捷菜单中选择"隐藏"命令，如图 9-22 所示，则该工作表会被隐藏。

如果要重新显示被隐藏的工作表，则先在任意一个工作表标签上右击，再在弹出的快捷菜单中选择"取消隐藏"命令，在弹出的"取消隐藏"对话框内选中要取消隐藏的工作表的名称，如图 9-23 所示，然后单击"确定"按钮即可。

图 9-22　选择"隐藏"命令　　　　　　图 9-23　　"取消隐藏"对话框

2. 公式和函数

使用 WPS 表格制作的表格往往需要对数据进行计算和统计，如求工资的总和、求平均工资、求学生考试成绩的最高分及最低分等。WPS 表格具有非常强的计算和统计功能，从简单的四则运算到复杂的财务计算和统计分析，都能轻松解决。

（1）公式。

在 WPS 表格中，所有的计算都可以通过公式来完成。WPS 表格中的公式就是对工作表中的数值进行计算的表达式，它必须以"="开头，并由一些数值和运算符号组成。这里所说的数值不仅包括普通的常数，还包括单元格名称及 WPS 表格函数；运算符号不仅包括算术运算符（加、减、乘、除），还包括比较运算符和文本运算符。

（2）函数。

函数是 WPS 表格中已经定义好的计算公式。WPS 表格提供大量的、实用的函数，可以基本满足财务、统计及各个管理部门日常统计和计算工作的需要。

一个函数由两部分组成：函数名称和函数的参数。函数名称表明函数的功能，函数的参数表示参与运算的数值及范围和条件。例如，SUM 是求和函数，SUM(10,20,30)表示对括号中的 3 个数求和，SUM(A3:D3)表示对 A3:D3 单元格区域中的数值求和。

选择 WPS 表格中的"公式"选项卡，可以看到"函数库"选项组中的所有函数类型。单击任意一个函数类型下拉按钮，在弹出的下拉菜单中有该类型的所有函数，在某个函数选项上单击即可选择该函数。大多数函数都会打开"函数参数"对话框，在该对话框中可以进行进一步的参数设置。例如，图 9-24 所示为绝对值函数 ABS 的"函数参数"对话框。

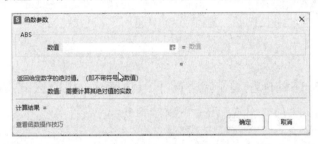

图 9-24　绝对值函数 ABS 的"函数参数"对话框

（3）输入及编辑公式。

输入公式的方法是：

单击将要输入公式的单元格，该单元格将存放公式的计算结果。

① 先输入一个 "="，然后在其后输入公式。

② 公式输入完成以后按 Enter 键，该公式的计算结果会出现在选定的单元格中。

如果要编辑公式，则只需在编辑栏中对公式进行编辑即可；如果要删除公式，则也可以在编辑栏中进行。

（4）公式的复制。

与数据的复制一样，单元格中的公式也是可以复制的。单击输入了公式的单元格，将鼠标指针移动到该单元格的右下角，当鼠标指针变成实心十字时，按住鼠标左键不放，拖动鼠标到需要输入公式的单元格后释放鼠标左键，即可将该公式复制到所选择的单元格中，公式的计算结果会自动重新计算。

3. 常用函数的使用

在日常的统计和计算工作中，用得最多的是求和、求平均值、求最大值、求最小值等计算，WPS 表格为这些常用的计算设置了方便的函数，这些函数被称为"常用函数"。

（1）求和（SUM 函数）。

对工作表的某些单元格中的数据求和的操作步骤如下：

① 选择准备存放求和结果的单元格，单击"开始"选项卡的"数据处理"选项组中

的"求和"下拉按钮，在弹出的下拉菜单中选择"求和"命令，在单元格中会自动插入求和函数公式，并自动选中要求和的区域，区域外有滚动的虚线显示，如图 9-25 所示。如果求和区域正确，则按 Enter 键即可；如果求和区域不正确，则可使用鼠标选中正确的求和区域，然后按 Enter 键。

图 9-25　在单元格中插入求和函数公式

② 第一个单元格中的和求出以后，将鼠标指针移动到该单元格的右下角，当鼠标指针变为实心十字时，按住鼠标左键不放，向下拖动鼠标，可将公式复制到该列下面的所有单元格中，并自动求出其他行的总成绩，如图 9-26 所示。

学号	姓名	分组	专业课	文化课	课程总分	思想道德表现	个人成长	社会实践	德育总分	总成绩
1班学生成绩统计表
202318	周峰	1组	92.0	94.0	186.00	91.0	87.0	93.0	90.4	276.40
202324	高翔	1组	88.0	95.0	183.00	91.0	85.0	93.0	89.8	272.80
202307	陈华	1组	92.0	91.0	183.00	89.0	87.0	93.0	89.6	272.60
202313	刘阳	1组	91.0	92.0	183.00	89.0	84.0	91.0	88.1	271.10
202303	王磊	1组	90.0	92.0	182.00	88.0	85.0	92.0	88.3	270.30
202321	栾思	1组	90.0	91.0	181.00	87.0	84.0	90.0	87.0	268.00
202301	张伟	1组	88.0	90.0	178.00	85.0	78.0	90.0	84.4	262.40
202310	张伟	1组	86.0	91.0	177.00	88.0	76.0	88.0	84.4	261.40
202322	熊磊	2组	92.0	93.0	185.00	91.0	86.0	93.0	90.1	275.10
202311	王婷	2组	92.0	93.0	185.00	85.0	93.0	93.0	89.4	274.40
202308	刘杰	2组	91.0	93.0	184.00	92.0	84.0	92.0	89.6	273.60
202316	黄海	2组	89.0	93.0	182.00	90.0	83.0	91.0	88.2	270.20
202325	许诺	2组	89.0	92.0	181.00	90.0	84.0	91.0	88.5	269.50
202314	陈静	2组	87.0	87.0	174.00	84.0	79.0	86.0	83.1	257.10
202319	吴凡	2组	85.0	88.0	173.00	82.0	77.0	85.0	81.4	254.40
202305	王芳	2组	84.0	89.0	173.00	78.0	75.0	85.0	79.2	252.20
202302	李明	2组	85.0	84.0	169.00	82.0	80.0	78.0	80.2	249.20
202309	孙俊	3组	93.0	92.0	185.00	91.0	86.0	94.0	90.4	275.40
202318	朱琳	3组	94.0	92.0	186.00	90.0	86.0	92.0	89.4	275.40
202315	杨柳	3组	88.0	94.0	182.00	92.0	88.0	92.0	90.8	272.80
202317	赵勇	3组	90.0	91.0	181.00	89.0	86.0	92.0	89.0	270.00
202320	郑琳	3组	88.0	92.0	180.00	89.0	82.0	91.0	87.5	267.50
202306	李红	3组	89.0	92.0	181.00	84.0	82.0	91.0	85.5	266.50
202304	赵丽	3组	88.0	91.0	179.00	90.0	80.0	87.0	85.5	266.50
202312	李华	3组	89.0	90.0	179.00	87.0	83.0	90.0	86.7	265.70
202323	郭明	3组	86.0	90.0	176.00	84.0	80.0	87.0	83.7	259.70

图 9-26　求出所有学生的总成绩

（2）求平均值（AVERAGE 函数）。

求平均值的操作步骤与求和的操作步骤类似：

① 选择准备存放求平均值结果的单元格。

② 单击"开始"选项卡的"数据处理"选项组中的"求和"下拉按钮，在弹出的下拉菜单中选择"平均值"命令。

③ 选择要求平均值的区域。

④ 按 Enter 键，所求的平均值结果会显示在单元格中。

⑤ 用拖动填充柄的方法求出其他行的平均值。

（3）计数（COUNT 函数）。

计数是指统计所选单元格的个数。在日常工作中，计数也是经常要进行的操作之一，如统计学生人数、统计课程数等。计数的操作步骤如下：

① 选择准备存放计数结果的单元格。

② 单击"开始"选项卡的"数据处理"选项组中的"求和"下拉按钮，在弹出的下拉菜单中选择"计数"命令。

③ 选择要进行计数统计的区域。

④ 按 Enter 键，所求的计数结果会出现在单元格中。

🎓 **提示：** 计数操作只能统计出含有数字的单元格的个数，所以在进行人数统计时，不能选择"姓名"列，而要选择与这些单元格个数相等的其他数字区域。

（4）求最大值（MAX 函数）或最小值（MIN 函数）。

求最大值或最小值也是常用的操作，如求学生考试成绩的最高分或最低分等。求最大值（或最小值）的操作步骤如下：

① 选择准备存放求最大值（或最小值）结果的单元格。

② 单击"开始"选项卡的"数据处理"选项组中的"求和"下拉按钮，在弹出的下拉菜单中选择"最大值"（或"最小值"）命令。

③ 选择要求最大值（或最小值）的区域。

④ 按 Enter 键，所求的最大值（或最小值）结果会出现在单元格中。

（5）根据条件确定单元格中的值（IF 函数）。

有时我们需要根据条件来确定单元格中的值，如根据学生的总成绩确定其是否被录取，这需要用到条件函数 IF。操作步骤如下：

① 选择准备存放结果的单元格，如图 9-27 中的 L3 单元格。

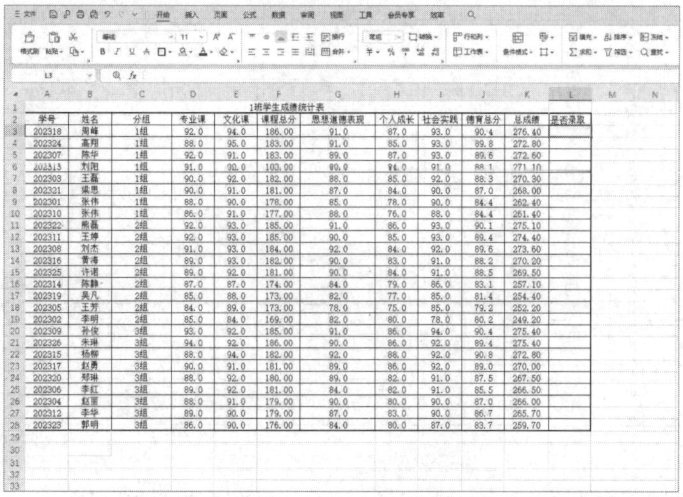

图 9-27　选择准备存放结果的单元格

② 单击"开始"选项卡的"数据处理"选项组中的"求和"下拉按钮，在弹出的下拉菜单中选择"其他函数"命令，弹出"插入函数"对话框。

③ 选择"全部函数"选项卡，在"或选择类别"下拉列表中选择"常用函数"选项，在"选择函数"列表中选择"IF"选项，如图 9-28 所示，单击"确定"按钮后，打开 IF 函数的"函数参数"对话框，在"测试条件"文本框中输入判定条件"K3>=260"，即总分大于或等于 260 分，在"真值"文本框中输入条件为真时的值"录取"，在"假值"文本框中输入条件为假时的值"不录取"，如图 9-29 所示。

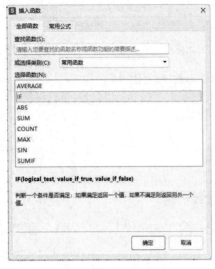

图 9-28　"插入函数"对话框

图 9-29　IF 函数的"函数参数"对话框

④ 单击"确定"按钮，此时根据 K3 单元格中的值判断 L3 单元格中的值为"录取"。

⑤ 将鼠标指针移动到 L3 单元格的右下角，当鼠标指针变为实心十字时，按住鼠标左键不放，向下拖动鼠标，可将公式复制到"是否录取"列的所有记录中，并将结果值填入单元格中，如图 9-30 所示。

学号	姓名	分组	专业课	文化课	课程总分	思想道德表现	个人成长	社会实践	德育总分	总成绩	是否录取
202318	周峰	1组	92.0	94.0	186.00	91.0	87.0	93.0	90.4	276.40	录取
202324	高翔	1组	88.0	95.0	183.00	91.0	85.0	93.0	89.8	272.80	录取
202307	陈华	1组	92.0	91.0	183.00	89.0	87.0	93.0	89.6	272.60	录取
202313	刘阳	1组	91.0	92.0	183.00	89.0	84.0	91.0	88.1	271.10	录取
202303	王磊	1组	90.0	92.0	182.00	88.0	85.0	92.0	88.3	270.30	录取
202321	綦思	1组	90.0	91.0	181.00	87.0	84.0	90.0	87.0	268.00	录取
202301	张伟	1组	88.0	90.0	178.00	85.0	78.0	90.0	84.4	262.40	录取
202310	张伟	1组	86.0	91.0	177.00	88.0	76.0	88.0	84.4	261.40	录取
202322	熊磊	2组	92.0	93.0	185.00	91.0	86.0	93.0	90.1	275.10	录取
202311	王博	2组	92.0	93.0	185.00	90.0	85.0	93.0	89.4	274.40	录取
202308	刘杰	2组	91.0	93.0	184.00	92.0	84.0	92.0	89.6	273.60	录取
202316	曹海	2组	89.0	93.0	182.00	90.0	83.0	91.0	88.2	270.20	录取
202325	许诺	2组	89.0	92.0	181.00	90.0	84.0	91.0	88.5	269.50	录取
202314	陈静	2组	87.0	87.0	174.00	84.0	79.0	86.0	83.1	257.10	不录取
202319	吴凡	2组	85.0	88.0	173.00	82.0	77.0	85.0	81.4	254.40	不录取
202305	王芳	2组	84.0	89.0	173.00	78.0	75.0	85.0	79.2	252.20	不录取
202302	李明	2组	85.0	84.0	169.00	82.0	80.0	80.2	80.2	249.20	不录取
202309	孙俊	3组	93.0	92.0	185.00	91.0	86.0	94.0	90.4	275.40	录取
202326	朱琳	3组	94.0	92.0	186.00	90.0	86.0	92.0	89.4	275.40	录取
202315	杨柳	3组	88.0	94.0	182.00	92.0	88.0	92.0	90.8	272.80	录取
202317	赵勇	3组	90.0	91.0	181.00	89.0	82.0	89.0	87.0	270.00	录取
202320	郑琳	3组	88.0	92.0	180.00	89.0	82.0	91.0	87.5	267.50	录取
202306	李红	3组	89.0	92.0	181.00	84.0	81.0	85.0	85.5	266.50	录取
202304	赵丽	3组	88.0	91.0	179.00	90.0	80.0	90.0	87.0	266.00	录取
202312	李华	3组	89.0	90.0	179.00	87.0	83.0	90.0	86.7	265.70	录取
202323	郭明	3组	86.0	90.0	176.00	84.0	80.0	87.0	83.7	259.70	不录取

图 9-30　利用填充柄填充"是否录取"列的值

（6）统计满足条件的单元格的数量（COUNTIF 函数）。

在工作中，我们经常需要统计出满足条件的单元格的数量，如统计出本校录取的人数，这时可以用条件统计函数 COUNTIF。操作步骤如下：

① 选择准备存放结果的单元格。

② 单击"开始"选项卡的"数据处理"选项组中的"求和"下拉按钮，在弹出的下拉菜单中选择"其他函数"命令，弹出"插入函数"对话框。

③ 选择"全部函数"选项卡，在"或选择类别"下拉列表中选择"统计"选项，在"选择函数"列表中选择"COUNTIF"选项，单击"确定"按钮后，打开 COUNTIF 函数的"函数参数"对话框，在"区域"文本框中输入统计区域"L3:L28"，在"条件"文本框中输入"录取"，如图 9-31 所示。

图 9-31　COUNTIF 函数的"函数参数"对话框

④ 单击"确定"按钮后，即可统计出在 L3:L28 单元格区域内值为"录取"的单元格的数量，也就是录取人数，比如图 9-32 中 L29 单元格内的值就是录取人数。

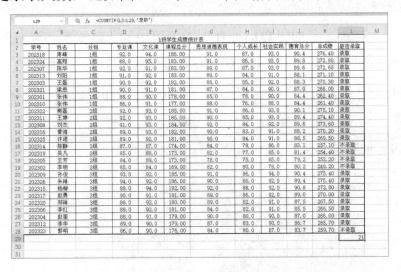

图 9-32　统计出录取人数

4．排序和筛选

（1）对表格中的数据进行排序。

在工作中，我们经常需要对表格中的数据进行排序，如按学生的总成绩进行降序排序等。对表格中的数据进行排序的操作步骤如下：

① 打开需要进行排序操作的工作簿文档（如"班级成绩表"）。

② 单击作为排序依据的列（如"总成绩"列）中的任意一个单元格。

③ 单击"开始"选项卡的"数据处理"选项组中的"排序"下拉按钮，在弹出的下拉菜单中选择"降序"命令，即可按总成绩进行降序排序，结果如图 9-33 所示。

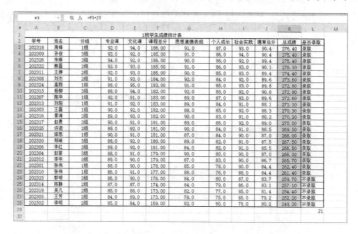

图 9-33　按总成绩进行降序排序的结果

（2）对表格中的数据进行筛选。

在工作中，我们还需要对表格中的数据进行筛选，如将被录取的学生筛选出来等。对表格中的数据进行筛选的操作步骤如下：

① 打开需要进行筛选操作的工作簿文档（如"班级成绩表"）。

② 单击作为筛选依据的列（如"是否录取"列）中的任意一个单元格。

③ 单击"开始"选项卡的"数据处理"选项组中的"筛选"下拉按钮，在弹出的下拉菜单中选择"筛选"命令，在列标题单元格中会出现下拉按钮。

④ 单击列标题"是否录取"单元格中的下拉按钮，在弹出的下拉菜单中仅勾选"录取"复选框，如图 9-34 所示，单击"确定"按钮，即可将"是否录取"列中单元格内的值为"录取"的记录筛选出来。

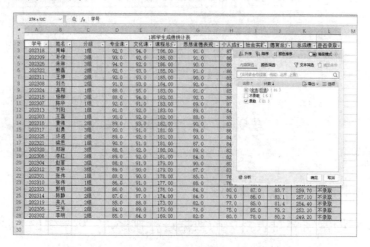

图 9-34　勾选"录取"复选框

5. 单元格地址的引用

在使用 WPS 表格中的公式与函数进行计算时，都是靠引用单元格获取其中的数据，在 WPS 表格中，有 A1 和 R1C1 两种引用类型，还包括相对引用、绝对引用和混合引用 3 种引用方式。

（1）A1 引用类型。

WPS 表格默认的引用类型是 A1 引用类型，它使用行号和列号的组合方式表示单元格的引用名称。例如，"B5"表示引用了 B 列和第 5 行交叉处的单元格，"A1:C7"表示引用了 A1 单元格至 C7 单元格所构成的矩形区域。单元格区域引用可用公式表示为"区域左上角的单元格的名称:区域右下角的单元格的名称"。

（2）相对引用单元格。

相对引用也称相对地址，它用列号与行号直接表示单元格，如果某个单元格内的公式被复制到另一个单元格中，原来单元格内的地址在新单元格中会发生相应的变化，就需要用相对引用来实现。例如，A1 单元格中的公式为"=SUM(B1+B2)"，那么把 A1 单元格中的内容复制到 A2 单元格后，将得到公式"=SUM(B2+B3)"。

（3）绝对引用单元格。

如果希望在移动或复制公式后，仍然使用原来单元格或单元格区域中的数据，就需要使用绝对引用。在使用单元格的绝对引用时，要在单元格的列号与行号前均加"$"符号。例如，A1 单元格中的公式为"=SUM($B$1+$B$2)"，那么把 A1 单元格中的内容复制到 A2 单元格后，得到的公式仍然为"=SUM($B$1+$B$2)"，不会随着单元格发生变化。

🎓 **提示：** 在使用绝对引用时，如果列号或行号相同，则可以将相同列号或行号前的"$"符号省略。例如，公式"=SUM($B$1+$B$2)"中的列号相同，则可以将该公式略写为"=SUM(B$1+B$2)"。

（4）混合引用单元格。

如果将相对引用与绝对引用混合使用，就是混合引用。在混合引用中，绝对引用部分保持不变，而相对引用部分将发生相应的变化。例如，A1 单元格中的公式为"=SUM(B1+B2+$C$4)"，那么把 A1 单元格中的内容复制到 A2 单元格后，将得到公式"=SUM(B2+B3+$C$4)"。

举一反三　制作技能比武成绩表

某工厂为了弘扬工匠精神，提升员工的技能水平，特别举办了一场名为"大国工匠，特级技工"的技能比武活动。根据各项内容，要求完成以下操作：

（1）用公式计算出尺寸误差和粗糙度误差，并用 ABS 函数取绝对值。

（2）用公式计算出误差平均值并按由低到高的顺序进行排序。

（3）如果误差平均值小于或等于 0.2，则检测结果为"合格"；如果误差平均值大于 0.2，则检测结果为"不合格"。

（4）按误差平均值从小到大排出名次。

（5）统计合格和不合格的误差平均值及全部误差平均值。

技能比武成绩表如图 9-35 所示，按检测结果进行分类汇总后的结果如图 9-36 所示。

图 9-35　技能比武成绩表

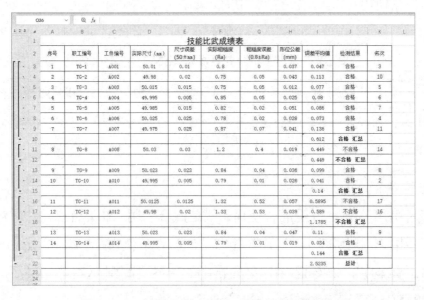

图 9-36　按检测结果进行分类汇总后的结果

拓展知识及训练

【拓展知识】多个工作表的计算

在实际工作中，有时需要引用多个工作表中的数据进行计算。比如，在"班级成绩表"

工作簿文档中，要求计算 1～6 班总成绩的平均值，具体操作步骤如下所述。

① 打开"班级成绩表"工作簿文档，如图 9-37 所示。

学号	姓名	分组	专业课	文化课	课程总分	思想道德表现	个人成长	社会实践	德育总分	总成绩
202318	周峰	1组	92.0	94.0	186.00	91.0	87.0	93.0	90.4	276.40
202309	孙俊	3组	93.0	92.0	185.00	91.0	86.0	94.0	90.4	275.40
202326	朱琳	3组	94.0	92.0	186.00	90.0	86.0	92.0	89.4	275.40
202322	熊磊	2组	92.0	93.0	185.00	91.0	86.0	93.0	90.1	275.10
202311	王婷	2组	92.0	93.0	185.00	90.0	85.0	93.0	89.4	274.40
202308	刘杰	2组	91.0	93.0	184.00	92.0	84.0	92.0	89.6	273.60
202324	高翔	1组	88.0	95.0	183.00	91.0	85.0	93.0	89.8	272.80
202315	杨柳	3组	88.0	94.0	182.00	92.0	88.0	92.0	90.8	272.80
202307	陈华	1组	92.0	91.0	183.00	89.0	87.0	93.0	89.6	272.60
202313	刘阳	1组	91.0	92.0	183.00	89.0	84.0	91.0	88.1	271.10
202303	王磊	1组	90.0	92.0	182.00	88.0	85.0	92.0	88.3	270.30
202316	曹海	3组	90.0	92.0	182.00	89.0	83.0	91.0	88.2	270.20
202317	赵勇	3组	90.0	91.0	181.00	89.0	86.0	92.0	89.0	270.00
2022066	计诺	2组	89.0	92.0	181.00	90.0	84.0	91.0	88.5	269.50
202321	梁思	1组	90.0	91.0	181.00	87.0	84.0	90.0	87.0	268.00
202320	郑琳	3组	88.0	92.0	180.00	89.0	82.0	91.0	87.5	267.50
202306	李红	3组	89.0	92.0	181.00	84.0	82.0	91.0	85.5	266.50
202304	赵丽	3组	88.0	91.0	179.00	90.0	80.0	90.0	86.0	266.00
202312	李华	3组	89.0	90.0	179.00	87.0	83.0	90.0	86.7	265.70
202301	张伟	1组	88.0	90.0	178.00	85.0	78.0	90.0	84.4	262.40
202310	张伟	2组	86.0	91.0	177.00	88.0	76.0	88.0	84.4	261.40
202323	郭明	3组	86.0	90.0	176.00	84.0	80.0	87.0	83.7	259.70
202314	陈静	2组	87.0	87.0	174.00	84.0	79.0	86.0	83.1	257.10
202319	吴凡	2组	85.0	88.0	173.00	82.0	77.0	85.0	81.4	254.40
202305	王芳	2组	84.0	89.0	173.00	78.0	75.0	85.0	79.2	252.20
202302	李明	2组	85.0	84.0	169.00	82.0	80.0	84.0	80.2	249.20
课程平均成绩:			180.31			德育平均成绩:	86.99		总分平均成绩:	267.30

图 9-37　打开的"班级成绩表"工作簿文档

② 选择存放 6 个班总成绩的平均值的单元格，如"1 班"工作表的 J30 单元格，单击"公式"选项卡的"快速函数"选项组中的"插入"按钮，打开"插入函数"对话框，在"全部函数"选项卡的"选择函数"列表中选择"AVERAGE"选项，单击"确定"按钮，弹出 AVERAGE 函数的"函数参数"对话框。

③ 单击"数值 1"文本框右侧的 按钮，弹出"函数参数"对话框，选择要进行计算的"1 班"工作表中的 J29 单元格，如图 9-38 所示。

图 9-38　选择"1 班"工作表中的 J29 单元格

④ 依次选择"2 班"工作表中的 J29 单元格、"3 班"工作表中的 J29 单元格，直到"6 班"工作表中的 J29 单元格，如图 9-39 所示，单击"确定"按钮，即可计算出各班总成绩的平均值。

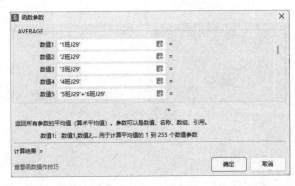

图 9-39　选择各班对应工作表中的 J29 单元格

提示："'6 班'!J29:K29" 表示 "6 班" 工作表中的 J29 单元格与 K29 单元格合并后的单元格。引用不同工作簿中某个工作表内的数据，其表示形式为 "[工作簿名]工作表名!单元格引用区域"。

【拓展训练】

计算 "班级成绩表" 工作簿文档中 1～6 班德育总分的平均值，并将结果保存在 "德育表现" 工作表中。

一、填空题

1．在 WPS 表格的设置单元格格式的操作过程中，在弹出的"单元格格式"对话框的"字体"选项卡中的字体特殊效果有_____、上标、下标。

2．在 WPS 表格中，数字格式化包括常规格式、货币格式、_____、_____、百分比格式等。具体的操作可以在_____中找到。

3．A3 单元格中的数字为 3000，将它的数字格式定义为"会计专用"格式，则 3000 在单元格内显示为_____。

4．如果要在单元格中输入公式"=A1+G6*H4-J15"，则需要先选中要输入公式的单元格，然后在该单元格中输入_____，接着输入表达式"A1+G6*H4-J15"，最后单击编辑栏上的_____按钮或按_____键。

二、选择题

1．在 WPS 表格中，在对数据进行分类汇总前，必须做的操作是（　　）。

A．排序　　　　　　　　　　　　B．筛选

C．合并计算　　　　　　　　　　D．指定单元格

2．在 WPS 表格中，对一个工作表中的数据进行自定义排序，当在"排序"对话框中勾选"数据包含标题"复选框时，该标题行（　　）。

A．将参加排序　　　　　　　　　B．将不参加排序

C．位置总在第一行　　　　　　　D．位置总在倒数第一行

3．WPS 表格的单元格引用基于工作表的列号和行号，并且存在相对引用、绝对引用和混合引用 3 种引用方式。在进行绝对引用时，需在列号和行号前均加（　　）符号。

A．?　　　　　　　B．%　　　　　　　C．#　　　　　　　D．$

三、判断题

1．对 WPS 表格中的数据进行求和统计时，不需要先进行排序，只需直接进行求和统计即可。（　　）

2．想要删除当前工作表中的某个列，只要选中该列，然后按键盘中的 Delete 键即可。（　　）

3．在对 WPS 表格中的数据进行排序操作时，只能进行升序操作。（　　）

4．WPS 表格中进行分类汇总后的数据不能再恢复原工作表中的记录。（　　）

5．WPS 表格中的工作簿是工作表的集合，一个工作簿中的工作表的数量是没有限制的。 （   ）

6．"筛选"是指允许用户根据特定的条件来查看数据清单中的相关记录，其他的记录都被删除了。 （   ）

四、简答题

试述在 WPS 表格中，使当前正在编辑的销售利润表只显示 C 列"利润"字段的值大于 10000 的所有记录的操作方法。

第 **10** 章

WPS 表格电子表格的数据分析
——制作销售利润分析表

本章重点掌握知识

1. 表格图表的创建。
2. 图表类型的设置与修改。
3. 图表的编辑。
4. 数据透视表的使用。

任务描述

某电子电器公司是一家以经营手机、笔记本电脑和智能家居为主的公司，在 2022 年，该公司取得了良好的销售业绩，为了进一步发展公司的业务，开拓市场，需要分析各种商品在市场中的需求和销售利润情况。该公司的财务部已将 2022 年各商品的利润制成了表格的形式，如图 10-1 所示。

为了能够更清晰、直观地表明商品的利润情况，该公司要求用图表的形式展示利润情况，以便进一步调整经营战略，获得更大的利润。要求包括以下 4 个图表，并利用柱形图、饼图等不同样式展示利润情况。

（1）同一商品不同季度利润情况表：主要用来分析同一商品在不同季度的利润情况，如图 10-2 所示。

（2）同一季度不同商品利润情况表：主要用来分析同一季度不同商品的利润情况，如图 10-3 所示。

图 10-1　2022 年各商品销售利润表

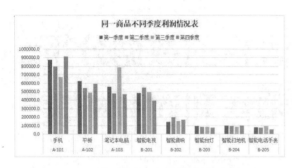

图 10-2　同一商品不同季度利润情况表

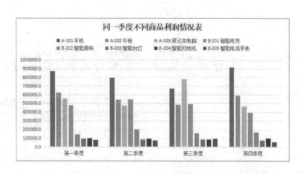

图 10-3　同一季度不同商品利润情况表

（3）各商品 2022 年全年利润情况图表：主要用来分析不同商品 2022 年全年的利润情况，如图 10-4 所示。

（4）2022 年各季度利润情况图表：主要用来分析 2022 年不同季度的利润情况，如图 10-5 所示。

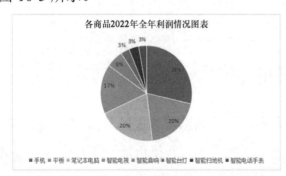

图 10-4　各商品 2022 年全年利润情况图表

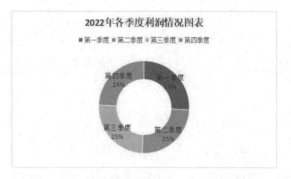

图 10-5　2022 年各季度利润情况图表

通过完成本任务，读者应学会创建并编辑数据图表，以及了解常见图表的功能和使用方法。

操作步骤

1. 制作同一商品不同季度利润情况表

（1）打开已经制作好的"某电子电器公司 2022 年度销售利润表"文件。

（2）选中需要制作图表的 A2:F10 单元格区域，单击"插入"选项卡的"图表"选项组中的"图表"按钮，在弹出的"图表"对话框的左侧选择"柱形图"选项，在右侧选择"簇状"选项卡中的第一个类型"插入预设图表"，效果如图 10-6 所示。或者直接单击"插入"选项卡的"图表"选项组中的"插入柱形图"下拉按钮，在弹出的下拉菜单中选择"簇状柱形图"选项卡中的第一个类型"插入预设图表"。

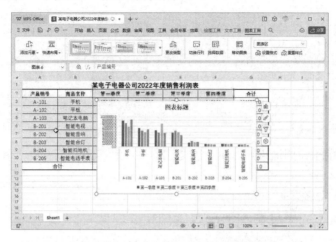

图 10-6　插入柱形图后的效果

（3）将鼠标指针移动到图表边缘的小圆圈上，当鼠标指针变为双向箭头时，按住鼠标左键不放，上下左右移动鼠标，可调整图表的大小，调整柱形图的大小后的效果如图 10-7 所示。

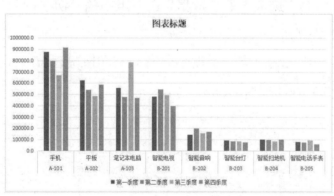

图 10-7　调整柱形图的大小后的效果

（4）在图表上加标题。双击柱形图上的"图表标题"文本框，输入标题"同一商品不同季度利润情况表"，选中标题，在"开始"选项卡或"文本工具"选项卡中设置标题的格式为"宋体、14"。

（5）单击"图表工具"选项卡的"图表布局"选项组中的"添加元素"下拉按钮，在弹出的下拉菜单中选择"图例"子菜单中的"顶部"命令，将图例设置到图表的顶部，如图 10-8 所示。

（7）调整图表的格式和位置，此时"同一商品不同季度利润情况表"柱形图制作完成，如图 10-9 所示。

图 10-8　设置标题和图例

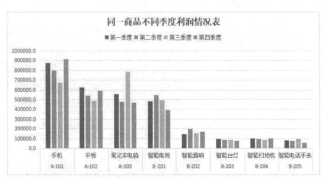

图 10-9　制作完成的"同一商品不同季度利润情况表"柱形图

到此，同一商品不同季度利润情况表制作完成。

提示： 如果修改工作表中的数据，则图表中的图形会自动地随之变化。

2. 制作同一季度不同商品利润情况表

（1）选择已经制作好的"同一商品不同季度的利润情况表"柱形图。

（2）单击"图表工具"选项卡的"数据"选项组中的"切换行列"按钮，图表上的行坐标和列坐标会相互交换。

（3）将图表的标题修改为"同一季度不同商品利润情况表"，如图 10-10 所示。至此，同一季度不同商品利润情况表制作完成。

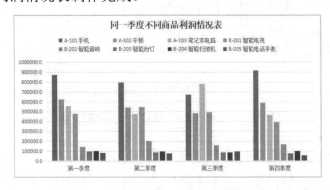

图 10-10　"同一季度不同商品利润情况表"柱形图

3. 制作各商品 2022 年全年利润情况图表

（1）打开已经制作好的"某电子电器公司 2022 年度销售利润表"文件。

（2）单击"插入"选项卡的"图表"选项组中的"图表"按钮，在弹出的"图表"对话框的左侧选择"饼图"选项，在右侧选择"饼图"选项卡中的第一个类型"插入预设图表"，效果如图 10-11 所示。或者直接单击"插入"选项卡的"图表"选项组中的"插入饼图或圆环图"下拉按钮，在弹出的下拉菜单中选择"饼图"选项卡中的第一个类型"插入预设图表"。

图 10-11　插入饼图后的效果

（3）单击"图表工具"选项卡的"数据"选项组中的"选择数据"按钮，弹出"编辑数据源"对话框。

（4）单击"图表数据区域"文本框右侧的 ![按钮] 按钮，然后在"某电子电器公司 2022 年度销售利润表"工作表中，选择"商品名称"列标题及该列中的商品名称，按住 Ctrl 键后选择"合计"列标题及该列中的数据，如图 10-12 所示的虚线部分。

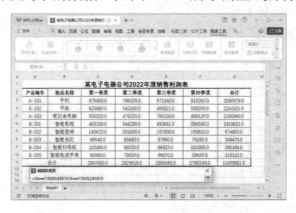

图 10-12　在工作表中选择数据

（5）单击"编辑数据源"对话框中文本框右侧的 ![按钮] 按钮，然后单击"确定"按钮。

（6）单击"图表工具"选项卡的"图表布局"选项组中的"添加元素"下拉按钮，在弹出的下拉菜单中选择"图例"子菜单中的"底部"命令，将图例设置到图表的底部，修改标题为"各商品 2022 年全年利润情况图表"。

（7）单击"图表工具"选项卡的"图表布局"选项组中的"添加元素"下拉按钮，在弹出的下拉菜单中选择"数据标签"子菜单中的"更多选项"命令，此时，图表的右侧会出现一个"属性"窗格，在"标签"选项卡中，展开"标签选项"，在"标签包括"选区中勾选"百分比"复选框，如图 10-13 所示，关闭"属性"窗格，饼图的最终效果如图 10-14 所示。

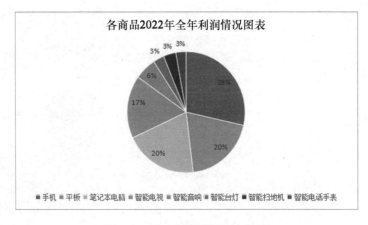

图 10-13　勾选"百分比"复选框　　　　　图 10-14　饼图的最终效果

4. 制作 2022 年各季度利润情况图表

（1）打开已经制作好的"某电子电器公司 2022 年度销售利润表"文件。

（2）单击"插入"选项卡的"图表"选项组中的"图表"按钮，在弹出的"图表"对话框的左侧选择"饼图"选项，在右侧选择"圆环图"选项卡中的第一个类型"插入预设图表"，效果如图 10-15 所示。或者直接单击"插入"选项卡的"图表"选项组中的"插入饼图或圆环图"下拉按钮，在弹出的下拉菜单中选择"圆环图"选项卡中的第一个类型"插入预设图表"。

（3）单击"图表工具"选项卡的"数据"选项组中的"选择数据"按钮，在弹出的"编辑数据源"对话框中，单击"图表数据区域"文本框右侧的 ![button] 按钮，然后在"某电子电器公司 2022 年度销售利润表"工作表中选择"第一季度"至"第四季度"单元格，按住 Ctrl 键后选择第 11 行中"合计"单元格右侧对应的 4 个季度的数据，如图 10-16 所示的虚线部分。

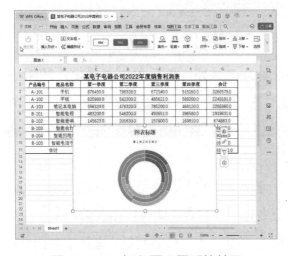

图 10-15　插入圆环图后的效果

图 10-16　选择数据

（4）单击"编辑数据源"对话框中文本框右侧的 按钮，单击"确定"按钮。

（5）单击"图表工具"选项卡的"图表布局"选项组中的"添加元素"下拉按钮，在弹出的下拉菜单中选择"图表标题"子菜单中的"图表上方"命令，将图表的标题修改为"2022 年各季度利润情况图表"。

（6）单击"图表工具"选项卡的"图表布局"选项组中的"添加元素"下拉按钮，在弹出的下拉菜单中选择"数据标签"子菜单中的"更多选项"命令，此时图表的右侧会出现一个"属性"窗格，在"标签"选项卡中，展开"标签选项"，在"标签包括"选区中勾选"类别名称"和"百分比"复选框，将各季度利润占比显示在图表上，如图 10-17 所示。关闭"属性"窗格，圆环图的最终效果如图 10-18 所示。

图 10-17　勾选"类别名称"和"百分比"复选框　　　　图 10-18　圆环图的最终效果

知识解析

图表是一种以图形来表示表格中数据的方式，与工作表相比，图表不仅能够直观地表现出数据值，还能更形象地反映出数据的对比关系。

1. 图表的类型

WPS 表格中的图表有多种类型，主要有柱形图、条形图、折线图、饼图、散点图、股价图、面积图、组合图和雷达图等类型，每种类型的图表又有多种样式。

（1）柱形图。

柱形图用长方形柱表示数据的变化，它用水平坐标显示类别、用垂直坐标显示数据值，强调数据随时间的变化情况。柱形图有簇状、堆积、百分比堆积 3 种样式。例如，图 10-19 所示为堆积柱形图。

（2）条形图。

条形图用于描述各项之间的比较情况，它一般用垂直坐标显示分类、用水平坐标显示数据，如图 10-20 所示。

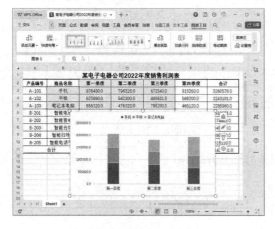
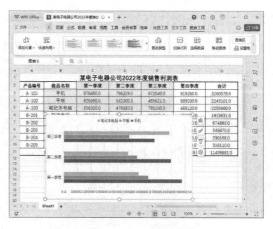

图 10-19　堆积柱形图　　　　　　　　　　　图 10-20　条形图

（3）饼图。

饼图用于显示一个数据系列中各项的大小与各项总和的比例关系。饼图中的数据点显示为占整个饼图的百分比，如图 10-21 所示。

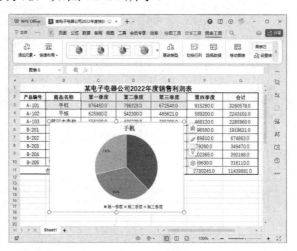

图 10-21　饼图

其他类型的图表（如折线图、面积图、散点图、股价图、组合图、雷达图等）都有自己特色的用法，用户可以根据需要选择不同类型和样式的图表。

2．创建图表类型

在 WPS 表格中，创建图表非常简单，不管是创建何种类型的图表，其方法都是类似的。下面以"某电子电器公司 2022 年度销售利润表"文件为例说明创建图表的一般操作步骤。

（1）打开制作好的"某电子电器公司 2022 年度销售利润表"文件，选中要制作图表的数据，如图 10-22 中的 B2:F10 单元格区域。

产品编号	商品名称	第一季度	第二季度	第三季度	第四季度	合计
某电子电器公司2022年度销售利润表						
A-101	手机	876450.0	796328.0	672540.0	915260.0	3260578.0
A-102	平板	625980.0	542300.0	485621.0	589200.0	2243101.0
A-103	笔记本电脑	556320.0	476320.0	785200.0	468120.0	2285960.0
B-201	智能电视	483200.0	546200.0	493651.0	396580.0	1919631.0
B-202	智能音响	1456223.0	201630.0	157800.0	169810.0	674863.0
B-203	智能台灯	96540.0	85690.0	87960.0	79280.0	349470.0
B-204	智能扫地机	102360.0	98520.0	86923.0	102365.0	390168.0
B-205	智能电话手表	80980.0	78630.0	96870.0	59630.0	316110.0
合计		2967453.0	2825618.0	2866565.0	2780245.0	11439881.0

图 10-22　选中要制作图表的数据

（2）单击"插入"选项卡的"图表"选项组中的"图表"按钮，在弹出的"图表"对话框的左侧列表中选择"折线图"选项，在右侧选择"折线图"选项卡中的第一个类型"插入预设图表"，如图 10-23 所示。或者直接单击"插入"选项卡的"图表"选项组中的"插入折线图"下拉按钮，在弹出的下拉菜单中选择"折线图"选项卡中的第一个类型"插入预设图表"。这时就插入了一个与所选数据、图表类型相匹配的图表，如图 10-24 所示。

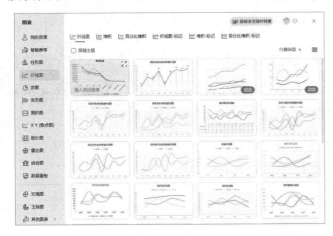

图 10-23　"图表"对话框

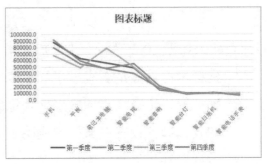

图 10-24　插入的与所选数据、图表类型相匹配的图表

图表的类型多种多样，我们还可以创建很多不同的图表，以上面选择的数据为例，插入组合图，如图 10-25 所示。

图 10-25　插入组合图

3. 编辑图表

在创建图表以后，如果想修改图表，则必须先单击图表，这时在功能区中会出现 3 个与图表操作有关的选项卡："绘图工具"选项卡、"文本工具"选项卡和"图表工具"选项卡。利用这 3 个选项卡中的按钮，可以非常方便地对图表进行编辑与修改。

（1）对图表进行重新设计。

单击图表，选择"图表工具"选项卡，如图 10-26 所示。

图 10-26　"图表工具"选项卡

① 添加元素。

单击"图表工具"选项卡的"图表布局"选项组中的"添加元素"下拉按钮，通过弹出的下拉菜单中的命令可以添加或设置图表中各个元素的位置和内容。添加主要元素后的图表效果如图 10-27 所示。"添加元素"下拉菜单中的常用命令说明如下。

- 坐标轴：设置是否有横坐标轴或纵坐标轴。
- 轴标题：选择并添加横坐标轴标题或纵坐标轴标题。
- 图表标题：设置有无标题或图表标题的位置。
- 数据标签：将数据添加到图表中。
- 数据表：将数据表添加到图表中。
- 误差线：以图形的形式显示与数据系列中每个数据标签相关的可能误差量。
- 网格线：为图表添加水平网格线或垂直网格线。
- 图例：设置图例在图表中的位置，以及图表中不同的颜色分别代表什么项目名称。
- 线条：将变化趋势的线条显示在图表中。

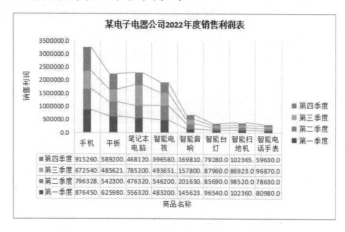

图 10-27　添加主要元素后的图表效果

② 改变图表布局。

改变图表布局是指改变图表中标题、图例、坐标、数据表等的显示位置和形状。单击"图表工具"选项卡的"图表布局"选项组中的"快速布局"下拉按钮，在弹出的下拉列表中选择所需的布局样式，即可改变图表布局。WPS 表格提供了一些图表布局的样式，可以非常方便地进行选择。

③ 改变图表类型。

单击"图表工具"选项卡的"图表样式"选项组中的"更改类型"按钮，在打开的"更改图表类型"对话框中有多种图表样式，在该对话框中选择某种样式后，可以使图表样式发生更改。

单击"图表工具"选项卡的"图表样式"选项组中的"更改类型"按钮，打开"更改图表类型"对话框，如图 10-28 所示，在左侧列表中选择所需的图表类型，在右侧选择一种样式，即可将图表更改为新的类型。

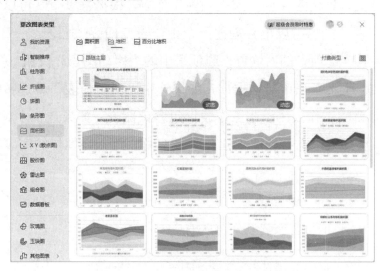

图 10-28　"更改图表类型"对话框

④ 更改图表数据。

更改图表数据包括"切换行列"及"选择数据"。

单击"图表工具"选项卡的"数据"选项组中的"切换行列"按钮，可使原图表中的行坐标和列坐标互换，从而根据展示重点的不同产生不同的图表效果。

如果要重新选择数据，则应单击"图表工具"选项卡的"数据"选项组中的"选择数据"按钮，这时会弹出"编辑数据源"对话框，如图 10-29 所示。

在"编辑数据源"对话框中，可以对图表中涉及的数据进行修改，最简便的方法是：单击"图表数据区域"文本框右侧的 按钮，这时可在数据表中重新选择数据，在重新选择数据以后，单击 按钮返回"编辑数据源"对话框，单击"确定"按钮，此时的图表已更改为新数据的图表。例如，图 10-30 所示为图表更改为只包含两行数据的图表。

图 10-29　"编辑数据源"对话框　　　图 10-30　图表更改为只包含两行数据的图表

⑤ 移动图表。

图表制作完成后，默认的存放位置是当前工作表，根据需要，既可以将图表放在当前工作簿的其他工作表中，也可以单独创建一个工作表专门存放图表。

单击"图表工具"选项卡的"位置"选项组中的"移动图表"按钮，打开"移动图表"对话框，如图 10-31 所示。在该对话框中，如果选中"新工作表"单选按钮，则会将制作的图表存放在一个新的工作表中，该工作表仅包含该图表；如果选中"对象位于"单选按钮，并在后面的下拉列表中选择已有的工作表的名称，则会将制作的图表存放在该工作簿的其他工作表中。

图 10-31　"移动图表"对话框

（2）对图表格式进行设置。

图表格式设置包括对图表的背景、边框、文本框等的设置，使用"绘图工具"选项卡中的按钮可以对图表进行相关格式的设置。

① 设置图表区背景效果。

先选中要格式化的图表，或者在"图表工具"选项卡的"属性设置"选项组中的"图表元素"下拉列表内选择"图表区"选项，然后选择"绘图工具"选项卡，使用"形状样式"选项组中的"填充"下拉按钮、"轮廓"下拉按钮、"效果"下拉按钮可以分别对图表的填充、轮廓和效果格式进行设置，如设置图表区的背景墙为"图案填充"，轮廓为"3 磅线条，橙色"。

② 设置绘图区背景效果。

先选中表格绘图区，或者在"图表工具"选项卡的"属性设置"选项组中的"图表元素"下拉列表内选择"绘图区"选项，然后选择"绘图工具"选项卡，使用"形状样式"选项组中的"填充"下拉按钮、"轮廓"下拉按钮、"效果"下拉按钮可以分别对图表的填充、轮廓和效果格式进行设置，如设置绘图区的背景墙为"浅绿色填充"，轮廓为"蓝色"，效果为"发光"。

图表背景格式设置完成后的效果如图 10-32 所示。

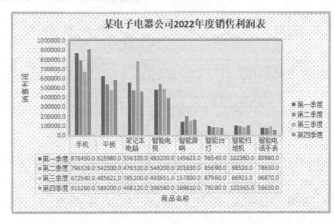

图 10-32　图表背景格式设置完成后的效果

③ 设置艺术字。

在图表中选中标题"某电子电器公司 2022 年度销售利润表"，单击"文本工具"选项卡的"艺术字样式"选项组中艺术字列表右侧的下拉按钮，在弹出的下拉菜单的"艺术字预设"组中选择一种样式即可。最终效果如图 10-33 所示。

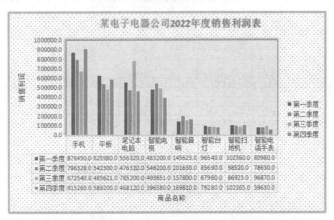

图 10-33　设置艺术字后的最终效果

举一反三　制作店铺运营数据情况分析图表

某电商店铺对 2022 年第二周的运营数据进行统计，该店铺运营一周数据报表如图 10-34 所示，请在 WPS 表格中制作出该表格，然后按要求制作其他图表。

某店铺运营一周数据报表								
星期	日期	访客数	销量	客单价	销售金额	退款人数	退款金额	实际销售额
星期一	2022/11/8	254	25	275.00	6875.00	2	550.00	6325.00
星期二	2022/11/9	365	33	380.00	12540.00	10	3800.00	8740.00
星期三	2022/11/10	658	50	410.00	20500.00	36	14760.00	5740.00
星期四	2022/11/11	412	42	530.00	22260.00	23	12190.00	10070.00
星期五	2022/11/12	636	71	620.00	44020.00	31	19220.00	24800.00
星期六	2022/11/13	721	56	520.00	29120.00	27	14040.00	15080.00
星期日	2022/11/14	522	40	490.00	19600.00	19	9310.00	10290.00
合计		3568	317	3225.00	154915.00	148	73870.00	81045.00

图 10-34　某店铺运营一周数据报表

（1）制作该店铺一周实际销售额情况折线图，按图 10-35 所示的参考样张设置效果。

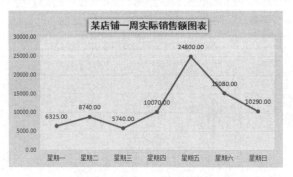

图 10-35　某店铺一周实际销售额图表的参考样张

（2）制作该店铺一周销售金额、退款金额、实际销售额的面积图，按图 10-36 所示的参考样张设置效果。

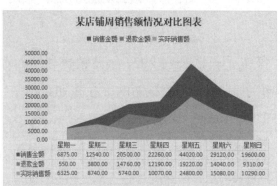

图 10-36　某店铺周销售额情况对比图表的参考样张

（3）制作该店铺运营一周的访客数、销量及退款人数的柱形图，按图 10-37 所示的参考样张设置效果。

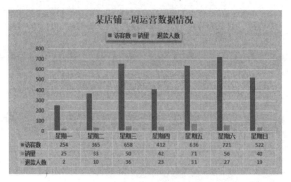

图 10-37　某店铺一周运营数据情况的参考样张

拓展知识及训练

【拓展知识】使用数据透视表与数据透视图

　　数据透视表具有交互分析的能力，能全面、灵活地对数据进行分析、汇总。只要改变对应的字段位置，即可得到多种分析结果。数据透视图是数据透视表的图形显示效果，为了更直观地反映数据透视表的汇总效果，一般将二者结合使用。当用户创建好数据透视表后，可直接用数据透视表生成数据透视图。

　　下面用图 10-38 所示的某电子公司 5 月销售情况统计表创建对应的数据透视表，并根据商品名称统计每位销售代表的销售额，生成数据透视图。

产品编号	商品名称	单价	数量	金额	销售代表
A-101	手机	4500.0	8	36000.0	赵婷
A-102	平板	5200.0	5	26000.0	张晓峰
A-103	笔记本电脑	6120.0	3	18360.0	李盈盈
B-201	智能电视	8900.0	5	44500.0	高哲
B-202	智能音响	620.0	10	6200.0	刘立波
B-203	智能台灯	299.0	21	6279.0	谢婉莹
B-204	智能扫地机	3860.0	10	38600.0	杨丽丽
B-205	智能电话手表	2180.0	9	19620.0	张丹阳

图 10-38　某电子公司 5 月销售情况统计表

操作步骤如下：

（1）打开"某电子公司 5 月销售情况统计表"文件（见图 10-38），单击"插入"选项卡的"表格"选项组中的"数据透视表"按钮，打开"创建数据透视表"对话框，如图 10-39 所示。

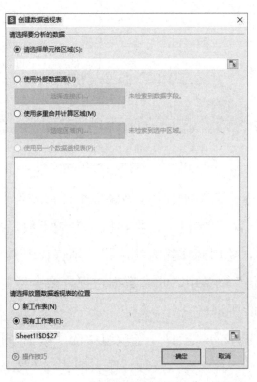

图 10-39　"创建数据透视表"对话框

（2）单击"请选择单元格区域"文本框右侧的 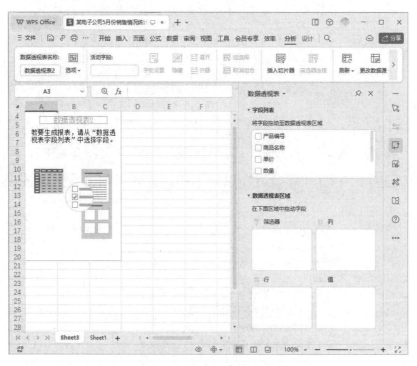 按钮，选择要分析的单元格区域，如图 10-40 所示，并在"请选择放置数据透视表的位置"选区内选中"新工作表"单选按钮。

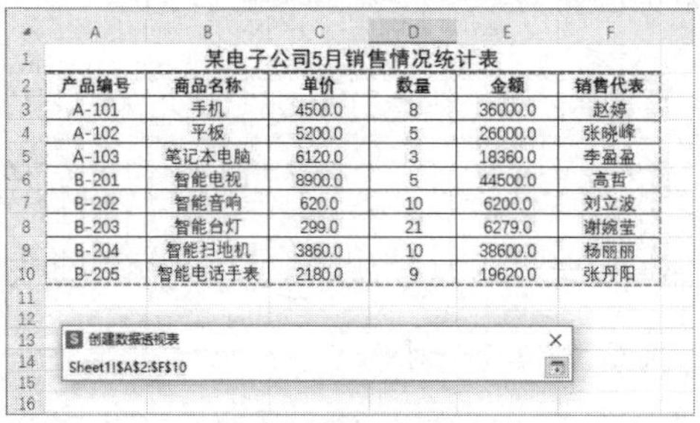

图 10-40 选择要分析的单元格区域

（3）单击"确定"按钮，因为没有设置字段，所以数据透视表显示为空白，如图 10-41 所示。

图 10-41 生成的数据透视表

（4）在右侧的"数据透视表"窗格中，将鼠标指针移动到"将字段拖动至数据透视表区域"列表框中的"商品名称"字段上，按住鼠标左键不放，拖动鼠标，将"商品名称"字段拖动到"行"标签中，使用同样的方法，将"销售代表"字段拖动到"列"标签中，将"金额"字段拖动到"值"标签中，此时数据透视表将会按商品名称自动统计每位销售代表的销售额，如图 10-42 所示。

（5）单击"分析"选项卡的"工具"选项组中的"数据透视图"按钮，打开"图表"对话框，选择左侧列表中的"柱形图"选项，在右侧选择"簇状"选项卡中的第一个类型"插入预设图表"，生成数据透视图，如图 10-43 所示。

图 10-42　每位销售代表的销售额

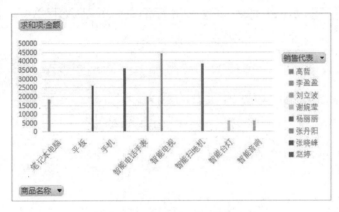

图 10-43　生成的数据透视图

【拓展训练】

某电子公司是一家以团购经营为主的公司，现需要分析 7 月份公司员工的销售情况。请根据图 10-44 所示的某电子公司 7 月大额团购订单生成相关的销售分析表。

客户名称	销售代表	成交量	客单价	销售额	订购时间

客户名称	销售代表	成交量	客单价	销售额	订购时间
星星家园	高哲	15	1980	29700	2022/7/3
西月公司	刘立波	13	1231.46	16008.98	2022/7/9
清风茶舍	谢婉莹	25	1216.16	30404	2022/7/12
文艺乐器	杨丽丽	18	1184.94	21328.92	2022/7/15
飓风运动	张丹阳	15	1160.07	17401.05	2022/7/19
长城印务	秦宇飞	32	1133.87	36283.84	2022/7/22
无设计	付璃霞	14	1133.57	15869.98	2022/7/22
哈尼森	程锦	8	2058.75	16470	2022/7/28
超微家饰	欧晴晴	17	921.18	15660.06	2022/7/29
飞腾餐饮	马芮睿	11	852.09	9372.99	2022/7/31

图 10-44　某电子公司 7 月大额团购订单

（1）生成各销售代表销售情况的数据透视表和数据透视图。

（2）根据订单统计每位销售代表的销售额，并生成数据透视表和数据透视图。

习　题

一、填空题

1．在 A3 单元格内输入公式"=A1+A2"，当把 A3 单元格内的内容复制到 B3 单元格中时，存放在 B3 单元格内的内容会变成_____，类似此公式的引用称为_____，即在公式的复制过程中，单元格内的公式随着单元格地址的变化而变化。

2．在 A1 单元格内输入公式"=\$C\$4*\$D\$4"，如果将该公式复制到 H99 单元格中，则 H99 单元格中显示的公式为_____，类似此公式的引用称为_____。

3．在 WPS 表格中，默认的中文排序是按照_____进行排序的，可将其修改为按照_____进行排序。

4．分类汇总功能可以自动对所选数据进行汇总，并插入汇总行。汇总方式灵活多样，如求和、_____、_____、标准偏差等。

5．WPS 表格包含_____种基本图表类型，在这些图表中，有些图表可以叠放在一起形成组合图表，以区分不同数据所代表的意义。

6．圆环图与饼图相似，用于显示部分与整体的关系，但_____能显示多个数据系列，而_____仅能显示一个数据系列。

二、选择题

在 WPS 表格中，数据可以按图形方式显示在图表中，当修改工作表中的数据时，图表（　　）。

A．不会更新　　　　　　　　　　B．使用命令才能更新

C．自动更新　　　　　　　　　　D．必须重新设置数据源区域才能更新

三、简答题

1．简述对数据进行分类汇总的操作步骤。

2．有一个学生数据表，其中包括学生的姓名、学号、语文成绩、数学成绩、总分等信息。请叙述实现对学生数据表中的数据进行排序的步骤，要求按总分进行递减排序，当总分相同时按学号进行递增排序。

第**11**章

WPS 表格工作表的打印与输出
——打印员工工资表

本章重点掌握知识

1. 设置页边距。
2. 设置页眉与页脚。
3. 设置打印区域。
4. 预览与打印。

任务描述

每到月底，某电子公司的财务部会对员工的工资进行统计，并打印出来供大家核对，参考样张如图 11-1 所示。

通过完成本任务，读者应能够根据输出要求进行页面设置（如设置纸张大小、打印方向等），掌握设置页眉与页脚的方法，以及设置打印属性、预览和打印文件等操作。

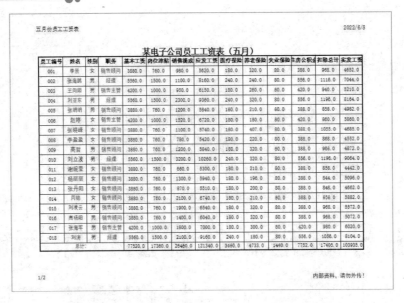

图 11-1 某电子公司员工工资表的参考样张

操作步骤

1. 设置纸张大小、纸张方向和页边距

（1）打开"某电子公司员工工资表"文件，单击"页面"选项卡的"打印设置"选项组中的"纸张大小"下拉按钮，在弹出的下拉菜单的列表框中选择"A4"选项；单击"纸张方向"下拉按钮，在弹出的下拉菜单中选择"横向"命令。

（2）单击"页面"选项卡的"打印设置"选项组中的"页边距"下拉按钮，在弹出的下拉菜单中选择"自定义页边距"命令，在弹出的"页面设置"对话框的"页边距"选项卡中，设置"上"和"下"数值框中的数值均为"2.40"，设置"左"和"右"数值框中的数值均为"1.30"，然后勾选"居中方式"选区内的"水平"和"垂直"复选框，如图 11-2 所示。

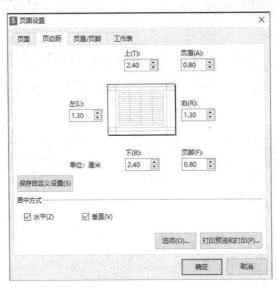

图 11-2 设置页边距

2. 设置页眉与页脚

（1）单击"页面"选项卡的"打印设置"选项组中的"页眉页脚"按钮，弹出"页面设置"对话框，在"页眉/页脚"选项卡中单击"自定义页眉"按钮，打开"页眉"对话框，在"左"文本框中输入"五月份员工工资表"，在"右"文本框中单击（即将光标定位到"右"文本框中）后，单击"日期"按钮，插入日期。

（2）选择输入的文字"五月份员工工资表"，单击"页眉"对话框中的"字体"按钮 A，在弹出的"字体"对话框中设置字体为"宋体"、字形为"常规"、大小为"12"，其他选项保持默认设置，使用同样的方法，设置"右"文本框中文字"日期"的大小也为"12"，单击"确定"按钮，返回"页眉"对话框，如图 11-3 所示。

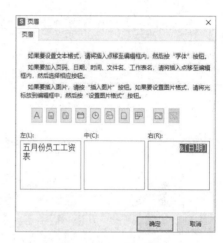

图 11-3　设置页眉

（3）单击"页眉"对话框中的"确定"按钮，回到"页面设置"对话框，单击"自定义页脚"按钮，打开"页脚"对话框，在"左"文本框中单击（即将光标定位到"左"文本框中）后，单击"页脚"对话框中部的"页码"和"总页数"按钮，分别插入页码和页数，注意在页码和页数中间插入"/"；在"右"文本框中输入"内部资料，请勿外传！"，并将其选中，单击"字体"按钮，在弹出的"字体"对话框中设置字体为"黑体"、字形为"常规"、大小为"12"、颜色为"黑色"，单击"确定"按钮，返回"页脚"对话框，如图 11-4 所示。

（4）单击"页脚"对话框中的"确定"按钮，返回"页面设置"对话框，此时页眉与页脚设置完成，如图 11-5 所示。

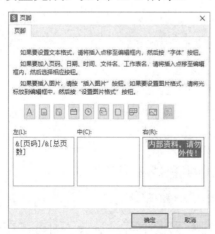

图 11-4　设置页脚

图 11-5　页眉与页脚设置完成

> 提示：在设置页眉与页脚时，如果希望奇数页与偶数页显示的页眉或页脚是各不相同的，则可以在图 11-5 所示的"页面设置"对话框的"页眉/页脚"选项卡中，勾选"奇偶

页不同"复选框；如果希望第一页的页眉与页脚不同，则可以在"页眉/页脚"选项卡中勾选"首页不同"复选框。

3. 预览与打印

（1）单击"页面"选项卡的"打印设置"选项组中的"打印预览"按钮，或者在"文件"菜单中选择"打印"子菜单中的"打印预览"命令，在弹出的打印预览窗口中可以进行打印前的设置和预览修改，如图11-6所示。

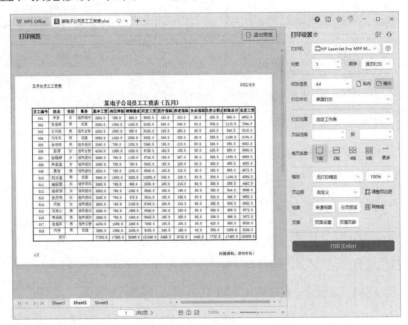

图 11-6 打印预览窗口

（2）通过预览，确认设置无误后，单击"打印设置"窗格中的"打印(Enter)"按钮，即可从已连接的打印机上打印出文件。打印效果如图11-1所示。

知识解析

1. 设置打印方向与页边距

根据打印文档的不同需求，在打印工作表时，会选择不同的纸张大小、不同的纸张方向、不同的页边距，操作步骤如下：

（1）打开需要打印的表格文件，如"电子商务班期中考试成绩表"文件。

（2）单击"页面"选项卡的"打印设置"选项组中的"纸张大小"下拉按钮，在弹出的下拉菜单的列表框中选择纸张大小。如果没有合适的纸张大小可供选择，则可以在下拉菜单中选择"其他纸张大小"命令。

（3）单击"页面"选项卡的"打印设置"选项组中的"纸张方向"下拉按钮，在弹出的下拉菜单中选择纸张方向。

（4）单击"页面"选项卡的"打印设置"选项组中的"页边距"下拉按钮，在弹出的下拉菜单中可根据需要进行选择。如果需要自定义页边距，则可以在下拉菜单中选择"自定义页边距"命令，然后在弹出的"页面设置"对话框的"页边距"选项卡中设置相应的参数，如图 11-7 所示。

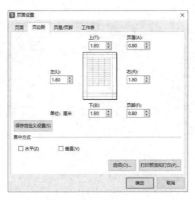

图 11-7　"页边距"选项卡

（5）单击"页面"选项卡的"打印设置"选项组中的"打印区域"下拉按钮，在弹出的下拉菜单中可以选择"设置打印区域"或"取消打印区域"命令。

（6）单击"页面"选项卡的"打印设置"选项组中的"打印缩放"下拉按钮，通过弹出的下拉菜单中的命令可以对打印的表及列、行进行设置。

2. 添加页眉与页脚

在 WPS 表格中，可以在工作表中显示页码、日期、文档标题等内容。自定义设置页眉与页脚的操作步骤如下所述。

（1）单击"页面"选项卡的"打印设置"选项组中的"页眉页脚"按钮，打开"页面设置"对话框，如图 11-8 所示，在"页眉/页脚"选项卡中，既可以直接在"页眉"和"页脚"下拉列表中分别选择 WPS 表格默认的页眉与页脚，也可以自定义设置页眉与页脚，方法是：分别单击"自定义页眉"按钮和"自定义页脚"按钮，在分别打开的"页眉"对话框和"页脚"对话框中进行设置即可。

图 11-8　"页面设置"对话框

（2）单击"自定义页眉"按钮，打开"页眉"对话框，如图 11-9 所示，在输入页眉内容后，单击"确定"按钮，回到"页眉/页脚"选项卡，单击"自定义页脚"按钮，打开"页脚"对话框，如图 11-10 所示，在输入页脚内容后，单击"确定"按钮，回到"页面设置"对话框，单击"页眉/页脚"选项卡中的"打印预览和打印"按钮，即可通过预览方式看到刚刚设置的页眉与页脚。

图 11-9 "页眉"对话框   图 11-10 "页脚"对话框

3. 设置重复打印标题

如果表格中的内容超过一页，而各页的标题是相同的，则可以通过设置重复打印标题来实现。

（1）单击"页面"选项卡的"打印设置"选项组中的"打印标题"按钮，打开"页面设置"对话框，单击"工作表"选项卡中"顶端标题行"文本框右侧的 按钮，在需要打印的表格中选择要重复打印的标题区域，例如在电子商务班期中考试成绩表中选择第 1 行和第 2 行，如图 11-11 所示。

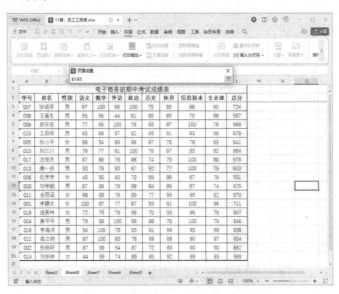

图 11-11 选择要重复打印的标题区域

（2）选择完成后，单击文本框右侧的▦按钮，返回"页面设置"对话框，在"顶端标题行"文本框中会显示刚才选择的标题区域，如图 11-12 所示。

图 11-12　"顶端标题行"文本框中显示选择的标题区域

（3）单击"确定"按钮，重复打印标题设置完成，打印时系统会自动将标题复制到下一页，不需要手动复制。

4. 设置打印的区域

（1）选中需要打印的区域，如设置打印电子商务班期中考试成绩表中的前 8 行，如图 11-13 所示。

图 11-13　选择需要打印的区域

（2）单击"页面"选项卡的"打印设置"选项组中的"打印区域"下拉按钮，在弹出的下拉菜单中选择"设置打印区域"命令，将 A1:L8 单元格区域设置为要打印的区域。

（3）打印输出时，只打印选中的区域，其他区域不打印，打印预览效果如图 11-14 所示。

电子商务班期中考试成绩表										
学号	姓名	性别	语文	数学	外语	政治	历史	体育	信息技术	专业课	总分
007	张晓军	男	87	100	89	100	75	95	88	90	724
008	王春生	男	59	56	44	61	85	85	79	88	557
009	蔡东东	男	77	85	100	79	62	87	100	78	669
015	王晓明	男	65	69	87	92	95	91	83	96	678
005	张小平	女	88	54	89	98	87	78	78	69	641
010	刘三川	男	76	77	91	100	76	87	95	82	684

图 11-14 选中的区域的打印预览效果

5. 预览打印效果并打印文件

设置好工作表的页面布局后，可以打开打印预览窗口查看所做的设置是否符合打印要求。如果不符合打印要求，则可以调整打印设置，直到符合打印要求后才打印输出。预览打印效果的操作步骤如下所述。

（1）选择"文件"菜单的"打印"子菜单中的"打印预览"命令，或者单击"页面"选项卡的"打印设置"选项组中的"打印预览"按钮，打开打印预览窗口，如图 11-15 所示，在打印预览窗口中可以对工作表的设置效果进行查看。

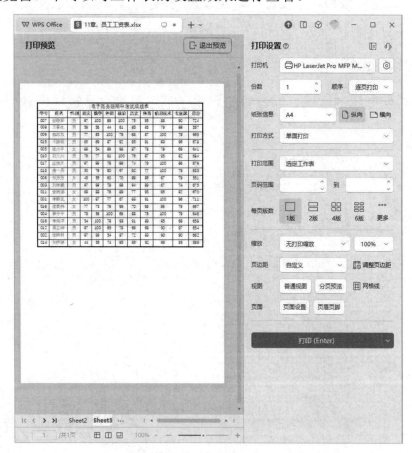

图 11-15 打印预览窗口

在打印预览窗口中可进行如下设置：

- 在"份数"数值框中输入打印的份数，即可一次打印多份相同的工作表。
- 在"打印机"下拉列表中可以选择要进行打印的打印机。

- 在"打印范围"下拉列表中，可以选择是打印整个工作表还是打印工作表中指定的页。

设置相应参数后，单击"打印(Enter)"按钮，即可按设置的格式进行打印。

（2）单击"打印设置"窗格中的"调整页边距"按钮，将显示页边距，并可对页边距进行调整，如图 11-16 所示。

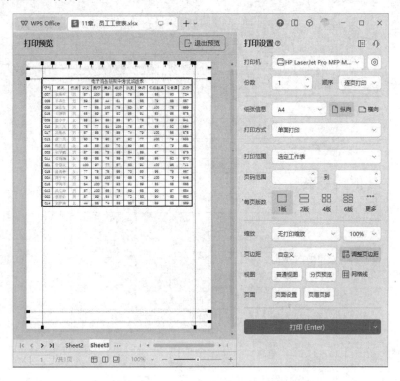

图 11-16　显示页边距并可进行调整

（3）单击"打印设置"窗格中的"打印机属性"按钮，会弹出已选择打印机的属性对话框，如图 11-17 所示。注意，选择不同的打印机，弹出的对话框会略有不同。

图 11-17　已选择打印机的属性对话框

（4）单击"打印设置"窗格中的"页面设置"按钮，可以打开"页面设置"对话框，操作与前面介绍的内容相同。

举一反三　制作并打印新生入学登记表

制作新生入学登记表，并按图11-18所示的参考样张设置格式，要求添加页眉与页脚。

图 11-18　新生入学登记表的参考样张

一、选择题

1．WPS 表格主要用来进行数据处理，不具备的功能是（　　）。

　　A．计算　　　　　　B．排序　　　　　　C．汇总　　　　　　D．处理图像

2．下面关于工作簿与工作表的说法正确的是（　　）。

　　A．每个工作簿只能包含 3 个工作表

　　B．只能在同一工作簿内进行工作表的移动和复制

　　C．图表必须和其数据源在同一个工作表中

　　D．在工作簿中正在操作的工作表称为活动工作表

3．在向 A1 单元格中输入字符串时，其长度超过 A1 单元格的显示长度，如果 B1 单元格为空，则字符串的超出部分将（　　）。

　　A．被截断删除　　　　　　　　　　　B．作为另一个字符串存入 B1 单元格中

　　C．显示######　　　　　　　　　　D．继续超格显示

4．下列属于 WPS 表格中的视图模式的是（　　）。

　　A．普通视图　　　　　　　　　　　　B．大纲视图

　　C．分布预览视图　　　　　　　　　　D．页面布局视图

5．通过拖动（　　），可将选定区域中的内容复制到其他单元格中。

　　A．填充柄　　　　B．选定的工作表　　C．选定的区域　　D．边框

6．在 WPS 表格的单元格中输入公式前，必须先输入（　　）。

　　A．=　　　　　　　　B．-　　　　　　　　C．#　　　　　　　　D．*

7．将 D1 单元格中的公式复制到 E4 单元格中，可以使用的方法是（　　）。

　　A．复制→选择性粘贴　　　　　　　　B．剪切→粘贴

　　C．复制→粘贴　　　　　　　　　　　D．直接拖动

8．公式"=AVERAGE(D7:D21)"的含义是求（　　）。

　　A．D7:D21 单元格区域中数据的最大值

　　B．D7:D21 单元格区域中数据的最小值

　　C．D7:D21 单元格区域中数据的平均值

　　D．D7:D21 单元格区域中数据的数值之和

9．在 WPS 表格中，求最大值的函数是（　　）。

　　A．COUNT　　　　　B．MIN　　　　　　C．MAX　　　　　　D．SUM

10. 在设置图表背景时，需要选择（ ）区域。

    A. 图表区   B. 绘图区   C. 图例   D. 数值轴

11. 如果向 A1 单元格内输入公式 "=IF(2+9/3>1+2^3,"对","错")"，则按 Enter 键后，A1 单元格中的结果为（ ）。

    A. 错   B. 对   C. #VALUE!   D. #REF!

12. 在进行粘贴操作时，有"粘贴"和"选择性粘贴"两种方法，一定要使用选择性粘贴的是（ ）。

    A. 公式   B. 文字

    C. 数字   D. 符号

13. 下列关于电子表格中打印的说法错误的是（ ）。

    A. 电子表格中打印时可以调整打印方向

    B. 可以设置打印份数

    C. 无法调整打印方向

    D. 可以进行页面设置

14. 在 WPS 表格中的打印预览状态下，不能进行设置的是（ ）。

    A. 打印范围   B. 打印区域

    C. 打印份数   D. 页眉/页脚

15. 在 WPS 表格中，当用序列进行填充时，说法不正确的是（ ）。

    A. 可使用等差序列填充

    B. 可使用等比序列填充

    C. 可使用日期填充

    D. 任何序列都可以自动填充

16. 如果 A1 单元格内已输入数字常量"10"，B1 单元格内已输入货币数字"¥34.50"，C1 单元格内已输入公式"=A1+B1"，则按 Enter 键后，C1 单元格中显示的结果为（ ）。

    A. 44.50   B. ￥44.50   C. 0   D. #VALUE

17. 在 WPS 表格中，以"Sheet1"工作表的某个区域中的数据为基础建立一个单独图表，该图表的标签"Chart1"在标签栏中的位置是（ ）。

    A. Sheet1 之前   B. Sheet1 之后

    C. 默认的最后一个标签之后   D. 不确定

二、填空题

1. 在 WPS 表格中，电子表格文档称为_____，其默认的扩展名是_____。

2. 在 WPS 表格中，工作表中行与列交叉的位置称为_____。

3．在 WPS 表格中，用绿色粗线围住的单元格称为_____。

4．在 WPS 表格中，"开始"选项卡的"对齐方式"选项组中有顶端对齐、_____、底端对齐、_____、_____、右对齐、_____、分散对齐 8 种对齐方式的按钮。

5．在向某个单元格中输入数据后，如果想将光标定位到下一行，则应按_____键；如果想将光标定位到右边一列，则应按_____键；如果想在单元格内分段，则应按_____键。

6．在利用格式刷复制格式时，如果复制一次，则_____"格式刷"按钮；如果要复制多次，则_____"格式刷"按钮，按_____键可退出多次复制操作。

7．在 WPS 表格中，输入自动序列前要将单元格设置为_____格式。

8．想要在单元格中插入求和函数（SUM），可以通过键盘输入、_____、_____3 种方法实现。

9．在 WPS 表格中，一个工作簿默认有_____个工作表。

10．在 WPS 表格中，当输入公式时以_____开头，后面由_____和_____组成。

三、判断题

1．在启动 WPS 表格时，会自动创建名称为"Book1"的工作簿。　　　（　　）

2．在 WPS 表格中能打开多个工作簿窗口。　　　（　　）

3．当输入的数据的长度超过单元格的宽度时，如果该单元格右侧相邻的单元格中没有数据，则超出的文本显示为"%%%%%%%%"。　　　（　　）

4．在插入单元格时，如果活动单元格中有内容，则单元格将插入活动单元格的右侧。　　　（　　）

5．如果单元格内有公式，则可以只对单元格中的公式进行复制。　　　（　　）

6．SUM 函数的作用是计算参数组中数字的个数。　　　（　　）

7．在 WPS 表格中的打印预览状态下可以直接设置页眉/页脚。　　　（　　）

8．在 WPS 表格的查找操作中，搜索串中可以使用通配符。　　　（　　）

9．在对工作表中的数据进行分类汇总时，汇总选项可以有多个。　　　（　　）

10．WPS 表格提供了自动计算功能，它可以计算选定单元格中数据的总和、平均值、最大值等，默认计算为求总和。　　　（　　）

四、思考题

1．什么是工作簿？什么是工作表？什么是单元格？它们之间是什么关系？

2．在 WPS 表格的工作表中可以输入哪些类型的数据？

3．WPS 表格提供的常用函数有哪些？请列举出 4 种。写出对从 C5 单元格到 C18 单元格一行中的数据进行求和的函数表达式。

4．WPS 表格中有哪些类型的函数？

总结与思考

WPS 表格是用来制作表格、进行数据分析、功能强大的电子表格软件，它被广泛地应用于各行各业各个领域。本篇从 5 个方面介绍了 WPS 表格的功能和常用操作：电子表格的基本操作、表格格式的设置、数据的处理、数据的分析及打印输出等。在学习完本篇的内容后，读者应满足以下要求：

- 理解工作簿、工作表、单元格等基本概念。
- 能熟练地创建、编辑、保存电子表格文件。
- 能熟练地输入、编辑、修改工作表中的数据。
- 掌握工作表的格式设置方法（设置单元格、行、列、单元格区域、工作表等的格式及自动套用格式）。
- 能熟练地插入单元格、行、列、工作表、图表、分页符、符号等内容。
- 理解单元格地址的引用，能使用常用函数。
- 能对工作表中的数据进行排序、筛选、分类汇总操作。
- 了解常见图表的功能和使用方法，能创建与编辑数据图表。
- 能根据输出要求设置打印方向、页边距、页眉与页脚，以及设置打印属性。
- 能预览和打印文件。

想了解更多的 WPS 表格功能的读者可以在掌握上述知识的基础上，选学"拓展知识及训练"部分中的内容，其中包括以下内容：

- 使用模板及数据保护。
- 使用表格样式快速设置表格格式。
- 多个工作表的计算。
- 使用数据透视表与数据透视图。

通过完成本篇中的任务，读者应能更好地掌握 WPS 表格。随着社会信息化的蓬勃发展，在日常生活中，人们会经常遇到各种数据的分析与处理问题，如家庭财务收支、班级学习成绩、产品销售情况等，如果能熟练地使用 WPS 表格解决日常生活中遇到的数据处理问题，则必将能获取更为精确的信息，大大提高工作效率。

第 **12** 章

综合实训 2——工资表的制作及数据分析

制作某科技公司员工工资表，并利用该表进行数据分析。

1. 制作某科技公司员工工资表

按图 12-1 所示的参考样张制作 2022 年 6 月的某科技公司员工工资表。

编号	姓名	岗位类别	职务	基本工资	岗位工资	奖金	补贴	应发工资	医疗保险	养老保险	个人所得税	扣除总计	实发工资
										某科技公司员工工资表（6月）			
001	赵梅	市场部	销售主管	5000.0	2000.0	2000.0	2000.0		180.0	320.0			
002	张玉	市场部	销售顾问	4000.0	1000.0	3000.0	1500.0		180.0	210.0			
003	刘芸	客服部	客服人员	3500.0	1000.0	1200.0	1500.0		180.0	200.0			
004	王斌	市场部	市场策划主管	6000.0	3000.0	2100.0	3000.0		240.0	400.0			
005	张鹏	技术部	高级工程师	8000.0	4000.0	3000.0	3000.0		240.0	460.0			
006	张峰	市场部	销售顾问	4000.0	1000.0	1800.0	1500.0		180.0	210.0			
007	尹莉	客服部	客服经理	5000.0	2000.0	1300.0	2000.0		180.0	320.0			
008	迟阳	技术部	一级工程师	6000.0	2500.0	1800.0	2000.0		180.0	320.0			
009	李真	技术部	高级工程师	8000.0	4000.0	3000.0	3000.0		240.0	460.0			
010	刘霏	市场部	销售主管	5000.0	2000.0	2000.0	2000.0		240.0	320.0			
011	李莹	市场部	销售顾问	4000.0	1000.0	2100.0	1500.0		180.0	210.0			
012	刘静	技术部	一级工程师	6000.0	2500.0	1800.0	2000.0		240.0	320.0			
013	张亮	市场部	市场调研主管	5500.0	3000.0	2000.0	3000.0		240.0	400.0			
014	高钦	市场部	销售顾问	4000.0	1000.0	2200.0	1500.0		180.0	210.0			
015	周佩	客服部	客服人员	3500.0	1000.0	1200.0	1500.0		180.0	200.0			
016	谢萍	客服部	客服经理	5000.0	2000.0	660.0	2000.0		180.0	320.0			
017	高杰	市场部	市场调研主管	5500.0	3000.0	2000.0	3000.0		240.0	400.0			
018	刘玲	客服部	客服人员	3500.0	1000.0	1200.0	1500.0		180.0	200.0			
019	贾飞	客服部	客服人员	3500.0	1000.0	1200.0	1500.0		180.0	200.0			
020	刘婧	市场部	销售顾问	4000.0	1000.0	2600.0	1500.0		180.0	210.0			
	合计												

图 12-1 某科技公司员工工资表的参考样张

要求如下：

（1）表格中的"应发工资""个人所得税""扣除总计""实发工资"4 项通过公式计算。其中，个人所得税=（应发工资-2000）×0.05；实发工资=应发工资-扣除总计。

（2）设置"实发工资"列中的数据保留两位小数，货币符号显示，文字加粗，其他各列中的数据均保留 1 位小数。

（3）通过求和函数计算出该月所有员工的各分项工资合计和实发工资合计。

（4）设置页眉为"某科技公司员工工资明细表"，设置页脚的右侧为"内部资料，请勿外传"，中间为页码。

预览结果如图 12-2 所示。

图 12-2　某科技公司员工工资表的预览结果

2. 对某科技公司员工工资表进行分析

某科技公司员工工资表制作完成后，要求进行如下分析。

（1）对实发工资进行降序排序，结果如图 12-3 所示。

图 12-3　对实发工资进行降序排序后的结果

注意： 因为表格中有合并单元格，不能直接进行排序，所以可以先选中排序区域，再使用自定义排序，按排序要求序列进行排序。

（2）筛选出应发工资不低于 10000 元的员工记录，结果如图 12-4 所示。

某科技公司员工工资表（6月）

	编号	姓名	岗位类别	职务	基本工资	岗位工资	奖金	补贴	应发工资	医疗保险	养老保险	个人所得税	扣除总计	实发工资
3	001	赵梅	市场部	销售主管	5000.0	2000.0	2000.0	2000.0	11000.0	180.0	320.0	450.0	950.0	¥10,050.00
6	004	王斌	市场部	市场策划主管	6000.0	3000.0	2100.0	3000.0	14100.0	240.0	400.0	605.0	1245.0	¥12,855.00
7	005	张鹏	技术部	高级工程师	8000.0	4000.0	3000.0	3000.0	18000.0	240.0	460.0	800.0	1500.0	¥16,500.00
9	007	尹莉	客服部	客服经理	5000.0	2000.0	1300.0	2000.0	10300.0	180.0	320.0	415.0	915.0	¥9,385.00
10	008	迟阳	技术部	一级工程师	6000.0	2500.0	1800.0	2000.0	12300.0	180.0	320.0	515.0	1015.0	¥11,285.00
11	009	李真	技术部	高级工程师	8000.0	4000.0	3000.0	3000.0	18000.0	240.0	460.0	800.0	1500.0	¥16,500.00
12	010	刘露	市场部	销售主管	5000.0	2000.0	2000.0	2000.0	11000.0	240.0	320.0	450.0	1010.0	¥9,990.00
14	012	刘静	技术部	一级工程师	6000.0	2500.0	1800.0	2000.0	12300.0	240.0	320.0	515.0	1075.0	¥11,225.00
15	013	张亮	市场部	市场调研主管	5500.0	3000.0	2000.0	3000.0	13500.0	240.0	400.0	575.0	1215.0	¥12,285.00
19	017	高杰	市场部	市场调研主管	5500.0	3000.0	2000.0	3000.0	13500.0	240.0	400.0	575.0	1215.0	¥12,285.00
23	合计				99000.0	39000.0	38160.0	40500.0	216660.0	4020.0	5890.0	8833.0	18743.0	¥197,917.00

图 12-4　筛选出应发工资不低于 10000 元的员工记录后的结果

（3）分类汇总出不同职务员工的实发工资平均值，结果如图 12-5 所示。

某科技公司员工工资表（6月）

	编号	姓名	岗位类别	职务	基本工资	岗位工资	奖金	补贴	应发工资	医疗保险	养老保险	个人所得税	扣除总计	实发工资
3	005	张鹏	技术部	高级工程师	8000.0	4000.0	3000.0	3000.0	18000.0	240.0	460.0	800.0	1500.0	¥16,500.00
4	009	李真	技术部	高级工程师	8000.0	4000.0	3000.0	3000.0	18000.0	240.0	460.0	800.0	1500.0	¥16,500.00
5			高级工程师 平均值											¥16,500.00
6	007	尹莉	客服部	客服经理	5000.0	2000.0	1300.0	2000.0	10300.0	180.0	320.0	415.0	915.0	¥9,385.00
7	016	谢萍	客服部	客服经理	5000.0	2000.0	660.0	2000.0	9660.0	180.0	320.0	383.0	883.0	¥8,777.00
8			客服经理 平均值											¥9,081.00
9	003	刘芸	客服部	客服人员	3500.0	1000.0	1200.0	1500.0	7200.0	180.0	200.0	260.0	640.0	¥6,560.00
10	015	周佩	客服部	客服人员	3500.0	1000.0	1200.0	1500.0	7200.0	180.0	200.0	260.0	640.0	¥6,560.00
11	018	刘玲	客服部	客服人员	3500.0	1000.0	1200.0	1500.0	7200.0	180.0	200.0	260.0	640.0	¥6,560.00
12	019	贾飞	客服部	客服人员	3500.0	1000.0	1200.0	1500.0	7200.0	180.0	200.0	260.0	640.0	¥6,560.00
13			客服人员 平均值											¥6,560.00
14	004	王斌	市场部	市场策划主管	6000.0	3000.0	2100.0	3000.0	14100.0	240.0	400.0	605.0	1245.0	¥12,855.00
15			市场策划主管 平均值											¥12,855.00
16	013	张亮	市场部	市场调研主管	5500.0	3000.0	2000.0	3000.0	13500.0	240.0	400.0	575.0	1215.0	¥12,285.00
17	017	高杰	市场部	市场调研主管	5500.0	3000.0	2000.0	3000.0	13500.0	240.0	400.0	575.0	1215.0	¥12,285.00
18			市场调研主管 平均值											¥12,285.00
19	002	张玉	市场部	销售顾问	4000.0	1000.0	3000.0	1500.0	9500.0	180.0	210.0	375.0	765.0	¥8,735.00
20	006	张峰	市场部	销售顾问	4000.0	1000.0	1800.0	1500.0	8300.0	180.0	210.0	315.0	705.0	¥7,595.00
21	011	李莹	市场部	销售顾问	4000.0	1000.0	2100.0	1500.0	8600.0	180.0	210.0	330.0	720.0	¥7,880.00
22	014	高钦	市场部	销售顾问	4000.0	1000.0	2200.0	1500.0	8700.0	180.0	210.0	335.0	725.0	¥7,975.00
23	020	刘婧	市场部	销售顾问	4000.0	1000.0	2600.0	1500.0	9100.0	180.0	210.0	355.0	745.0	¥8,355.00
24			销售顾问 平均值											¥8,108.00
25	001	赵梅	市场部	销售主管	5000.0	2000.0	2000.0	2000.0	11000.0	180.0	320.0	450.0	950.0	¥10,050.00
26	010	刘露	市场部	销售主管	5000.0	2000.0	2000.0	2000.0	11000.0	240.0	320.0	450.0	1010.0	¥9,990.00
27			销售主管 平均值											¥10,020.00
28	008	迟阳	技术部	一级工程师	6000.0	2500.0	1800.0	2000.0	12300.0	180.0	320.0	515.0	1015.0	¥11,285.00
29	012	刘静	技术部	一级工程师	6000.0	2500.0	1800.0	2000.0	12300.0	240.0	320.0	515.0	1075.0	¥11,225.00
30			一级工程师 平均值											¥11,255.00
31				总平均值										¥9,895.85
32	合计				99000.0	39000.0	38160.0	40500.0	216660.0	4020.0	5890.0	8833.0	18743.0	¥197,917.00

图 12-5　分类汇总出不同职务员工的实发工资平均值后的结果

使用同样的操作方法，分类汇总出不同岗位类别员工的实发工资平均值，结果如图 12-6 所示。

（4）以图表的形式分别显示不同职务员工实发工资平均值和不同岗位类别员工实发工资平均值（注意选取区域），结果分别如图 12-7 和图 12-8 所示。

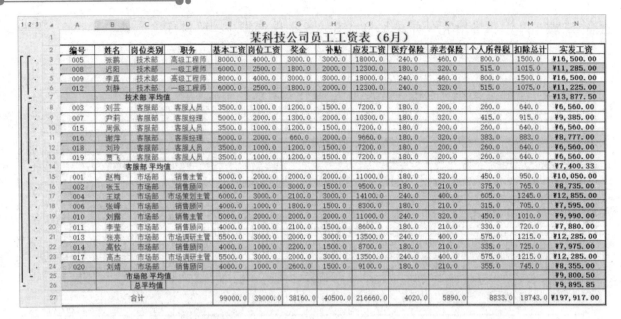

编号	姓名	岗位类别	职务	基本工资	岗位工资	奖金	补贴	应发工资	医疗保险	养老保险	个人所得税	扣除总计	实发工资
													某科技公司员工工资表（6月）
005	张鹏	技术部	高级工程师	8000.0	4000.0	3000.0	3000.0	18000.0	240.0	460.0	800.0	1500.0	¥16,500.00
008	迟阳	技术部	一级工程师	6000.0	2500.0	1800.0	2000.0	12300.0	180.0	320.0	515.0	1015.0	¥11,285.00
009	李真	技术部	高级工程师	8000.0	4000.0	3000.0	3000.0	18000.0	240.0	460.0	800.0	1500.0	¥16,500.00
012	刘静	技术部	一级工程师	6000.0	2500.0	1800.0	2000.0	12300.0	240.0	320.0	515.0	1075.0	¥11,225.00
		技术部 平均值											¥13,877.50
003	刘芸	客服部	客服人员	3500.0	1000.0	1200.0	1500.0	7200.0	180.0	200.0	260.0	640.0	¥6,560.00
007	尹莉	客服部	客服经理	5000.0	2000.0	1300.0	2000.0	10300.0	180.0	320.0	415.0	915.0	¥9,385.00
015	周佩	客服部	客服人员	3500.0	1000.0	1200.0	1500.0	7200.0	180.0	200.0	260.0	640.0	¥6,560.00
016	谢萍	客服部	客服经理	5000.0	2000.0	660.0	2000.0	9660.0	180.0	320.0	383.0	883.0	¥8,777.00
018	刘玲	客服部	客服人员	3500.0	1000.0	1200.0	1500.0	7200.0	180.0	200.0	260.0	640.0	¥6,560.00
019	贾飞	客服部	客服人员	3500.0	1000.0	1200.0	1500.0	7200.0	180.0	200.0	260.0	640.0	¥6,560.00
		客服部 平均值											¥7,400.33
001	赵梅	市场部	销售主管	5000.0	2000.0	2000.0	2000.0	11000.0	180.0	320.0	450.0	950.0	¥10,050.00
002	张玉	市场部	销售顾问	4000.0	1000.0	3000.0	1500.0	9500.0	180.0	210.0	375.0	765.0	¥8,735.00
004	王斌	市场部	市场策划主管	6000.0	3000.0	2100.0	3000.0	14100.0	240.0	400.0	605.0	1245.0	¥12,855.00
006	张峰	市场部	销售顾问	4000.0	1000.0	1800.0	1500.0	8300.0	180.0	210.0	315.0	705.0	¥7,595.00
010	刘霞	市场部	销售主管	5000.0	2000.0	2000.0	2000.0	11000.0	240.0	320.0	450.0	1010.0	¥9,990.00
011	李莹	市场部	销售顾问	4000.0	1000.0	2100.0	1500.0	8600.0	180.0	210.0	330.0	720.0	¥7,880.00
013	张亮	市场部	市场调研主管	5500.0	3000.0	2000.0	3000.0	13500.0	240.0	400.0	575.0	1215.0	¥12,285.00
014	高钦	市场部	销售顾问	4000.0	1000.0	2200.0	1500.0	8700.0	180.0	210.0	335.0	725.0	¥7,975.00
017	高杰	市场部	市场调研主管	5500.0	3000.0	2000.0	3000.0	13500.0	240.0	400.0	575.0	1215.0	¥12,285.00
020	刘靖	市场部	销售顾问	4000.0	1000.0	2600.0	1500.0	9100.0	180.0	210.0	355.0	745.0	¥8,355.00
		市场部 平均值											¥9,800.50
		总平均值											¥9,895.85
		合计		99000.0	39000.0	38160.0	40500.0	216660.0	4020.0	5890.0	8833.0	18743.0	¥197,917.00

图 12-6　分类汇总出不同岗位类别员工的实发工资平均值后的结果

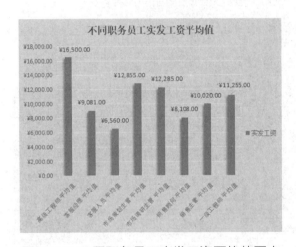

图 12-7　不同职务员工实发工资平均值图表

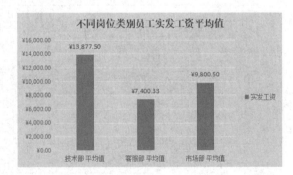

图 12-8　不同岗位类别员工实发工资平均值图表

WPS 演示篇

WPS 演示是 WPS Office 办公应用软件中的一个组件，专门用来制作演示文稿。它提供图形工具、自定义的版式、多种样式的文档设计等功能，可以使用户方便地做出极具感染力和特色的动态演示文稿，大大提高演示文稿的演示效果。

WPS 演示是日常办公最得力的工具之一。使用 WPS 演示能够制作出包含文字、图片、表格、图形、音频和视频等多种媒体内容的演示文稿，演示文稿既可以在计算机上播放，也可以输出成其他格式进行交流，还可以用于企业介绍、产品展示、专家报告、教育教学和学习培训等各种场合。本篇将介绍使用 WPS 演示制作演示文稿的方法，通过完成本篇中的任务，读者应能够轻松掌握演示文稿的基本创建、制作、设计和播放方法，满足日常办公及学习的需要。

第 **13** 章

WPS 演示的工作界面及基本操作
——制作 "个人简历" 演示文稿

本章重点掌握知识

1. WPS 演示的工作界面。
2. 创建、保存与放映演示文稿。
3. 文字的输入与编辑。
4. 幻灯片版式及幻灯片的添加与删除。

任务描述

作为学业的最后一年，同学们有的选择继续学业深造，有的已经开始讨论就业话题。徐筱盯着明亮的天空，踌躇满志地给自己定下目标——寻找一份好工作。

简历是展示个人教育背景、工作经历和技能的重要方式。它让面试官能够了解应聘者的专业素养。所以，徐筱打算制作一份出色的简历演示文稿，从而给面试官留下良好的第一印象，增加被选取的机会。该简历演示文稿共由 6 张幻灯片组成：第一张幻灯片是封面，有大标题；第二张至第六张幻灯片介绍个人信息的主要内容，每张幻灯片都包含一个小标题和核心内容。要求将该简历演示文稿存放在 D 盘的 "工作目录" 文件夹中，并命名为 "个人简历"，参考样张如图 13-1 所示。

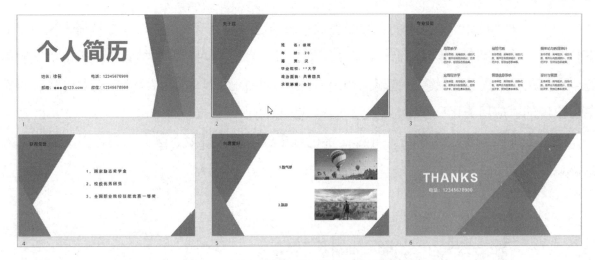

图 13-1　"个人简历"演示文稿的参考样张

通过完成本任务，读者应掌握 WPS 演示的启动和退出；熟悉 WPS 演示中的快速访问工具栏、功能区、文档编辑区及状态栏等基本界面元素及其作用，能创建、保存和放映幻灯片文件；掌握幻灯片中文字的输入与编辑，了解幻灯片版式，掌握幻灯片的添加与删除方法。

操作步骤

1. 制作幻灯片封面

（1）单击"开始"按钮，在弹出的菜单中选择"WPS Office"命令，即可启动 WPS Office，在打开的启动窗口中单击"+ 新建"按钮，在弹出的"新建"对话框中单击"演示"按钮，在弹出的"新建演示文稿"窗口中单击"空白演示文稿"按钮，新建空白演示文稿后进入 WPS 演示的工作界面，如图 13-2 所示。

图 13-2　WPS 演示的工作界面

（2）单击"设计"选项卡的"智能美化"选项组中的"全文美化"下拉按钮，在弹出的下拉菜单中选择"全文换肤"命令，在打开的"全文美化"对话框的搜索框内输入"绿色简约个人简历"后按 Enter 键，在搜索结果中选择"绿色简约个人简历"选项，如图 13-3 所示，单击出现的"应用美化"按钮，幻灯片的样式即变为所选的样式。

（3）在文档编辑区中单击，可对文字进行更改，输入姓名、电话、邮箱、微信等个人信息，效果如图 13-4 所示。

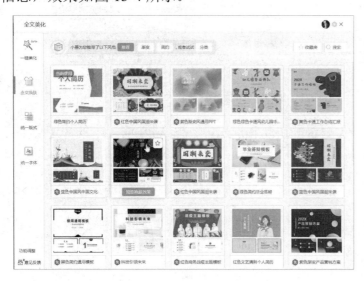

图 13-3　选择"绿色简约个人简历"选项

图 13-4　输入个人信息后的效果

至此，幻灯片的封面制作完成。

🎓 **提示**：WPS 幻灯片的文档编辑区中的矩形框就是一个文本框，单击文本框的边线，即可选中该文本框，既可以对其中的文本的字体、字号、颜色等进行设置，也可以对文本框的填充颜色、边框等进行设置。

2. 添加并制作其他幻灯片

（1）单击"开始"选项卡的"幻灯片"选项组中的"新建幻灯片"下拉按钮，在弹出的如图 13-5 所示的下拉菜单的"版式"选项卡中选择"仅标题"选项，此时在第一张幻灯片的后面会添加一张新幻灯片，在幻灯片的文档编辑区中会出现新幻灯片。

（2）新幻灯片的样式是由新建幻灯片时所选的版式确定的。在新幻灯片的"单击此处添加标题"文本框内输入文本"关于我"，选中该文本，设置其字体格式为"微软雅黑、22、加粗、黑色"。在下边的文本框中输入该幻灯片的正文，并设置其字体格式为"微软雅黑、18、黑色"，效果如图 13-6 所示。

（3）使用步骤（2）的方法制作第三张至第六张幻灯片，设置小标题的字体格式均为"微软雅黑、22、黑色"，自主设置行距，根据图 13-1 所示的参考样张进行设置，效果如图 13-7 所示。

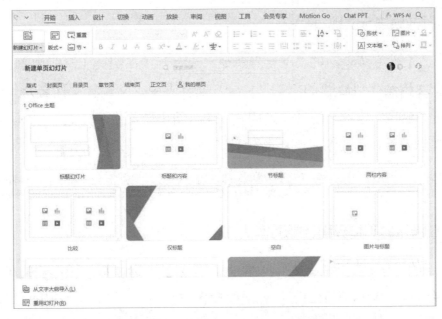

图 13-5　"新建幻灯片"下拉菜单

图 13-6　第二张幻灯片的效果

图 13-7　第三张至第六张幻灯片的效果

3. 保存并放映演示文稿

（1）选择"文件"菜单中的"保存"命令，或者直接在快捷工具栏中单击"保存"按钮，将该演示文稿保存到 D 盘的"工作目录"文件夹中，并设置文件名为"个人简历"。

（2）单击"放映"选项卡的"开始放映"选项组中的"从头开始"按钮，即可全屏播放幻灯片，观看到所制作的演示文稿的效果。

知识解析

1. WPS 演示的工作界面及视图模式

WPS 演示的工作界面由标题栏、功能区、选项卡、选项组、图形化的按钮、文档编辑区、状态栏组成。WPS 演示的工作界面的操作方法与 WPS 文字、WPS 表格类似。

WPS 演示的文档编辑区有 4 种视图模式，分别是普通视图、幻灯片浏览视图、阅读视图、备注页视图，视图之间可以相互切换。

1）普通视图

普通视图是默认的视图模式，启动 WPS 演示进入的工作界面就是普通视图。普通视图将文档编辑区分为 3 部分：左侧是幻灯片浏览窗格，每张幻灯片都以缩略图的形式排在该窗格中，在该窗格中可以方便地重新排列幻灯片显示顺序、添加幻灯片、删除幻灯片；右侧是幻灯片的文档编辑区，在该区域中不仅可以显示幻灯片，还可以对幻灯片进行制作、编辑、修改；幻灯片的文档编辑区的下面是备注编辑区，用于添加与幻灯片内容相关的备注内容。普通视图如图 13-8 所示。

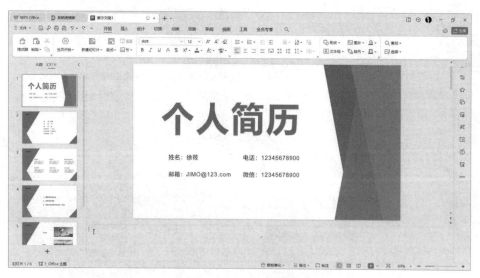

图 13-8　普通视图

2）幻灯片浏览视图

单击工作界面右下角的"幻灯片浏览"按钮，演示文稿就会切换到幻灯片浏览视图，如图 13-9 所示。幻灯片浏览视图将演示文稿的所有幻灯片缩小显示在屏幕中，根据窗口大小不同，每行显示的幻灯片的数量也不同。在幻灯片浏览视图下，不仅可以方便地查看演示文稿的整体效果，还可以方便地添加、删除幻灯片，以及通过拖动的方式重新排列幻灯片的显示顺序。

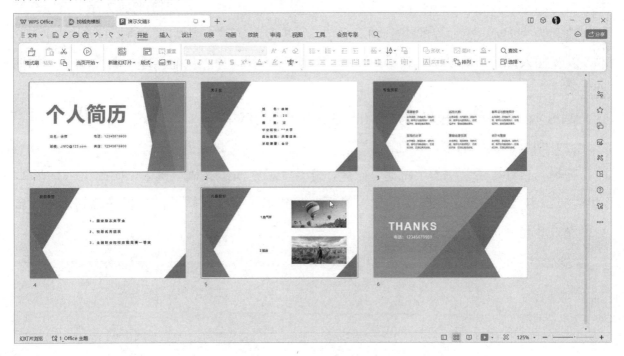

图 13-9　幻灯片浏览视图

3）阅读视图

单击工作界面右下角的"阅读视图"按钮，演示文稿就会切换到阅读视图。幻灯片的阅读视图以窗口形式对演示文稿中的切换效果或动画效果进行演示，窗口的上方会显示演示文稿的文件名称，窗口的下方有切换视图按钮和翻页按钮，如图 13-10 所示。

图 13-10　阅读视图

4）备注页视图

在备注页视图中，可以检查演示文稿和备注页一起打印时的外观。每一页都将包括一张幻灯片和演讲者备注，可以在该视图中对幻灯片内容和演讲者备注进行编辑。

2. 创建演示文稿

启动 WPS Office 后，在启动窗口中单击"+ 新建"按钮，在弹出的"新建"对话框中单击"演示"按钮，在弹出的"新建演示文稿"窗口中单击"空白演示文稿"按钮，可以创建名为"演示文稿 1"的空白演示文稿，在空白演示文稿中可以添加幻灯片、输入文本，以及插入图片、剪贴画、表格、音频和视频等各种对象，从而创建一份图文并茂的演示文稿。

WPS 演示还提供了模板来方便用户快速制作演示文稿。

（1）利用已安装的模板创建演示文稿。

选择"文件"菜单中的"新建"命令，打开"新建演示文稿"窗口，如图 13-11 所示，WPS 演示中已经内置了一些演示文稿的模板，利用这些模板，可以很容易地创建出包含一定内容和格式的演示文稿。

图 13-11　"新建演示文稿"窗口

（2）利用从网络上下载的模板创建演示文稿。

如果计算机已接入互联网，在图 13-11 所示窗口的"搜索"搜索框中输入关键字，则可以从网络上搜索到与关键字相关的模板，在选择模板并进行下载后，就可以利用该模板创建新的演示文稿。

3. 保存演示文稿

在创建演示文稿以后，要将其保存。保存演示文稿分为以下几种情况。

（1）保存新创建的演示文稿。

如果要保存新创建的演示文稿，则单击快速访问工具栏中的"保存"按钮 ，或者选择"文件"菜单中的"保存"命令，在弹出的"另存为"对话框中设置演示文稿的文件名称和保存位置后，单击"保存"按钮即可。

（2）保存修改后的演示文稿。

如果对已有的演示文稿进行修改，则需要重新保存。单击快速访问工具栏中的"保存"按钮，或者选择"文件"菜单中的"保存"命令，则修改后的演示文稿将在原来保存的位置并用原来的文件名保存。

（3）将演示文稿另存。

如果需要将演示文稿以新的名称进行保存或保存到新的位置，则选择"文件"菜单中的"另存为"命令，在弹出的"另存为"对话框中设置新的文件名称或新的保存位置，如图 13-12 所示，然后单击"保存"按钮即可。

图 13-12　"另存为"对话框

（4）将演示文稿保存为可以直接放映的文件。

如果需要将演示文稿保存为可以直接放映的文件，则可以在"另存为"对话框的"文件类型"下拉列表中选择"Microsoft PowerPoint 97-2003 放映文件(*.pps)"选项，或者选择"文件"菜单的"另存为"子菜单中的"PowerPoint 97-2003 放映文件(*.pps)"命令，如图 13-13 所示，在打开的"另存为"对话框中设置文件名称和保存位置后，单击"保存"按钮，演示文稿将以".pps"为扩展名保存，放映时直接双击演示文稿，不用打开 WPS 演示就可以播放该演示文稿。

图 13-13　另存为多种类型的演示文稿

（5）将演示文稿保存为.ppt 格式。

如果希望在 WPS 演示中创建的演示文稿能够在 PowerPoint 1997～PowerPoint 2003 等早期的版本中进行编辑和播放，则可以选择"文件"菜单的"另存为"子菜单中的"PowerPoint 97-2003 文件 (*.ppt)"命令，在打开的"另存为"对话框中设置文件名称和保存位置后，单击"保存"按钮。

4．放映演示文稿

在创建演示文稿以后，如果要查看播放效果，则只需单击 WPS 演示的工作界面右下角的"从当前幻灯片开始播放"按钮 即可。

提示：直接按 F5 键，可以从头开始放映幻灯片；按 Shift+F5 组合键，可以从当前幻灯片开始放映幻灯片。

5．在演示文稿中输入文字

在演示文稿中输入文字的方法有两种：一种是利用占位符输入文字，另一种是利用文本框输入文字。

（1）利用占位符输入文字。

当选定演示文稿中的一张幻灯片时，在幻灯片中会出现虚线矩形框，其中还会有一些提示性的文字（如"单击此处添加标题""编辑标题"等），这些提示性的文字称为"占位符"，如图 13-14 所示。用户可以在占位符上单击，然后用实际需要的内容去替换占位符中的文字。输入完成后，单击幻灯片中的空白区域即可结束文字的输入，占位符的虚线矩形框将消失。

图 13-14　幻灯片中的占位符

（2）利用文本框输入文字。

利用占位符输入文字的方法虽然方便，但是并不灵活。当需要在占位符以外的地方输入文字时，可以利用文本框输入。操作方法如下：

单击"插入"选项卡的"文本"选项组中的"文本框"下拉按钮，在弹出的下拉菜单

中选择 "横向文本框" 或 "竖向文本框" 命令，然后在幻灯片上拖出一个矩形框，其中会有一个闪烁的插入点，这时就可以输入文字了。输入完成后，单击文本框以外的区域即可结束文字的输入。

6. 设置文字的格式

文字的格式包括字体、字号、字体颜色、段落格式、项目符号和编号等，可通过 "开始" 选项卡中的 "字体" 和 "段落" 选项组中的按钮进行设置，其设置方法与在 WPS 文字篇中设置文字格式的方法类似，只不过幻灯片中的文字是在文本框中，因此在设置格式前应先选中文本框或选中其中的文字，再进行设置。

7. 设置或改变幻灯片的设计

恰当地设置幻灯片的设计可以强化幻灯片的效果。除了可以在新建幻灯片时选择内置的版式来确定幻灯片的设计，还可以利用 "设计" 选项卡的 "智能美化" 选项组中的按钮来设置或改变幻灯片的设计。

打开演示文稿，单击 "设计" 选项卡的 "智能美化" 选项组中的 "全文美化" 下拉按钮，在弹出的下拉菜单中选择 "全文换肤" 命令，在打开的 "全文美化" 对话框的搜索框内输入 "绿色简约个人简历" 后按 Enter 键，在搜索结果中选择 "绿色简约个人简历" 选项，如图 13-15 所示，单击出现的 "应用美化" 按钮，幻灯片的样式即变为所选择的样式。

图 13-15　选择 "绿色简约个人简历" 选项

单击 "设计" 选项卡的 "背景版式" 选项组中的 "背景" 下拉按钮，打开的下拉菜单如图 13-16 所示，其中有不同的填充方式，从中可进一步调整背景的色彩和图案等格式。

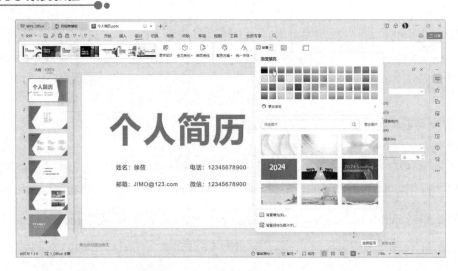

图 13-16　"背景"下拉菜单

8. 幻灯片的添加、删除、复制和重排位置

（1）添加幻灯片。

单击"开始"选项卡的"幻灯片"选项组中的"新建幻灯片"按钮，或者在幻灯片的缩略图上右击，在弹出的如图 13-17 所示的快捷菜单中选择"新建幻灯片"命令，都可在当前幻灯片之后添加一张新幻灯片。

如果要添加不同版式的幻灯片，则可以单击"开始"选项卡的"幻灯片"选项组中的"版式"下拉按钮，在弹出的幻灯片版式下拉列表中选择一种版式，如图 13-18 所示，即可按选中的版式添加新幻灯片。

图 13-17　右击幻灯片的缩略图后弹出的快捷菜单　　　图 13-18　幻灯片版式下拉列表

（2）删除幻灯片。

在要删除的幻灯片的缩略图上右击，然后在弹出的快捷菜单中选择"删除幻灯片"命令，即可将选择的幻灯片删除。

（3）复制幻灯片。

如果希望创建两个内容和布局都类似的幻灯片，则可以先创建一张幻灯片，然后复制该幻灯片，接着在复制的幻灯片上进行修改。

在要复制的幻灯片的缩略图上右击，然后在弹出的快捷菜单中选择"复制"命令，在要复制到的位置的前一张幻灯片上右击，在弹出的快捷菜单中选择"粘贴"命令，即可完成幻灯片的复制。

（4）重新排列幻灯片的顺序。

在幻灯片的缩略图窗格或浏览视图中，单击要移动的幻灯片，然后将其拖动到所需的位置即可。

举一反三　制作公司招聘简章培训演示文稿

某公司为了能够注入新的思维和创意，带来新的视角和想法，促进公司的创新和发展，现需制作公司招聘简章相关内容的培训演示文稿。要求该培训演示文稿至少由 6 张幻灯片组成，背景样式要符合内容风格，字体格式的设置要美观、整齐，其他效果可参照图 13-19 所示的参考样张进行设置。

图 13-19　公司招聘简章培训演示文稿的参考样张

习　题

一、填空题

1. WPS 演示文稿的默认扩展名为_____。

2. 幻灯片模板文件的默认扩展名是_____。

3. 在制作 WPS 演示文稿时可以使用设计模板，方法是单击_____选项卡的"智能美化"选项组中的"全文美化"下拉按钮，在弹出的下拉菜单中选择"全文换肤"命令，在打开的"全文美化"对话框进行选择。

二、选择题

1. 如果在一个演示文稿中选择一张幻灯片后按 Delete 键，则（　　）。

    A．这张幻灯片将被删除，并且不能恢复

    B．这张幻灯片将被删除，但能恢复

    C．这张幻灯片将被删除，但可以利用回收站恢复

    D．这张幻灯片将被移到回收站内

2. 如果想要放映幻灯片，则可以选择（　　）。

    A．普通视图　　　　　　　　　　B．幻灯片浏览视图

    C．阅读视图　　　　　　　　　　D．备注页视图

三、思考题

1. 查询资料，叙述 WPS 演示与以前版本相比增加了哪些新功能。

2. 简述使用模板创建演示文稿的方法。

第 **14** 章

WPS 演示文稿的制作与美化
——制作洛阳旅游宣传演示文稿

本章重点掌握知识

1. 插入并设置形状。
2. 插入图片及文本框。
3. 制作组织结构图。
4. 添加并设置图表对象。

任务描述

洛阳是中国著名的历史文化名城，有着 2700 多年的建城史，是中国十三古都之一，拥有悠久的历史和丰富的文化遗产，如龙门石窟、白马寺、洛阳古城等，在旅游业方面具有重要地位。洛阳市文化广电和旅游局为了吸引更多国内外游客，推动当地旅游业的持续发展，决定制作洛阳旅游宣传演示文稿，要求图文并茂，除了要有简洁的文字介绍，还要搭配合理的图片、图形、图表等内容，并且布局合理，效果良好，突出著名景点与特色。要求将该演示文稿保存在 D 盘的"工作目录"文件夹中，并设置文件名为"十三朝古都——洛阳"。

洛阳旅游宣传演示文稿的参考样张如图 14-1 所示。

图 14-1 洛阳旅游宣传演示文稿的参考样张

操作步骤

1. 创建演示文稿并设置其背景及文字格式

（1）启动 WPS 演示，新建一个空白演示文稿。

（2）右击空白演示文稿的缩略图，在弹出的快捷菜单中选择"设置背景格式"命令，在右侧弹出的"对象属性"窗格内选中"渐变填充"单选按钮，其余参数保持默认设置，如图 14-2 所示，单击"全部应用"按钮。

图 14-2　"对象属性"窗格

（3）单击"插入"选项卡的"图形和图像"选项组中的"图片"下拉按钮，在弹出的下拉菜单中选择"本地图片"命令，打开"插入图片"对话框，在"素材"文件夹中选择"第一张"文件夹中的"洛阳"图片，单击"打开"按钮，将图片插入幻灯片，如图 14-3 所示。

（4）选中插入的图片后右击，在弹出的快捷菜单中选择"设为背景"命令，并删除插入的图片，效果如图 14-4 所示。

图 14-3　插入图片

图 14-4　将图片设为背景后的效果

（5）单击"插入"选项卡的"文本"选项组中的"文本框"下拉按钮，在弹出的下拉菜单中选择"横向文本框"命令，在幻灯片中插入一个文本框，在该文本框中输入文字"十三朝""洛阳""Ancient capital Luo Yang"，并将字体格式分别设置为"华文行楷、66 号""华文行楷、80 号""华文行楷、54 号"，通过"文本工具"选项卡的"艺术字样式"选项组中的艺术字样式列表将艺术字样式设置为"填充-白色，轮廓-着色 1"，效果如图 14-5 所示。

图 14-5　输入文字并进行设置后的效果

至此，演示文稿的首页制作完成。

2. 插入图片和修饰图片

（1）单击"开始"选项卡的"幻灯片"选项组中的"新建幻灯片"下拉按钮，在弹出的下拉菜单中选择"版式"选项卡，如图 14-6 所示，在该选项卡中可以选择新建幻灯片的版式，不选择则为默认版式。

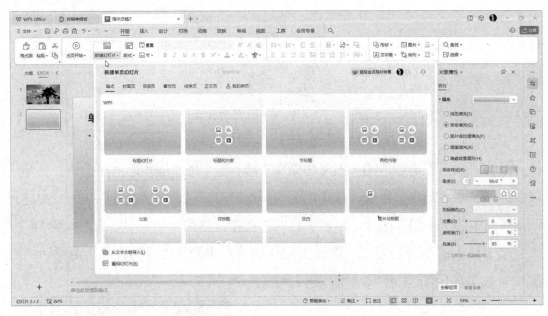

图 14-6　"新建幻灯片"下拉菜单中的"版式"选项卡

（2）在新幻灯片的"单击此处添加标题"占位符中输入文字"十三朝古都洛阳剪影"作为标题，设置标题的字体为"华文楷体"，艺术字样式为"填充-钢蓝，着色 1，阴影"，设置文字"十三朝古都"的字号为"44"，文字"洛阳简影"的字号为"36"。

（3）单击"插入"选项卡的"图形和图像"选项组中的"形状"下拉按钮，在弹出的下拉菜单中选择"矩形"组内的"圆角矩形"选项，在幻灯片中绘制出一个圆角矩形，如图 14-7 所示。

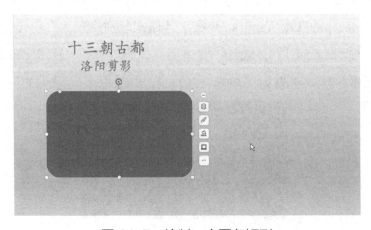

图 14-7　绘制一个圆角矩形

（4）选中绘制的圆角矩形，单击"绘图工具"选项卡的"形状样式"选项组中的"填充"下拉按钮，在弹出的下拉菜单中选择"图片或纹理"子菜单中的"本地图片"命令，打开"选择纹理"对话框，在"素材"文件夹中选择"第一张"文件夹中的"洛阳"图片，单击"打开"按钮，将图片插入形状，右击该图片，在弹出的快捷菜单中选择"设置对象格式"命令，在右侧弹出的"对象属性"窗格的"形状选项"选项卡中的"效果"栏内，设置"柔化边缘"样式，大小为 10 磅，效果如图 14-8 所示。

图 14-8　插入图片并设置样式后的效果

（5）单击"插入"选项卡的"文本"选项组中的"文本框"下拉按钮，在弹出的下拉菜单中选择"横向文本框"命令，插入文本框，在该文本框中输入"素材"文件夹下的"第二张"文件夹中的"文本—十三朝古都龙门石窟"文档中关于洛阳介绍的文字，设置其字体格式为"华文楷体"，颜色为"钢蓝，着色 1，深色 25%"，字号为"20"。选中文字后右击，在弹出的快捷菜单中选择"段落"命令，在弹出的"段落"对话框中，设置特殊格式为"首行缩进"，度量值为"2 字符"，段前间距为"24 磅"，行距为"固定值"，设置值为"31 磅"。

（6）单击"插入"选项卡的"图形和图像"选项组中的"形状"下拉按钮，在弹出的下拉菜单中选择"矩形"组内的"圆角矩形"选项，在幻灯片中绘制出一个圆角矩形，如图 14-9 所示。

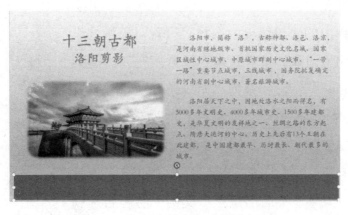

图 14-9　再次绘制一个圆角矩形

（7）选中绘制的圆角矩形，设置其填充图片为"素材"文件夹下的"第二张"文件夹中的"洛阳 2"图片，并在圆角矩形中输入对应文字，设置文字的字体为"微软雅黑"，字号为"18"，颜色为"白色"。调整圆角矩形的大小，移动其到幻灯片的底部，至此，第二张幻灯片制作完成，效果如图 14-10 所示。

图 14-10　第二张幻灯片制作完成后的效果

3. 插入形状并设置效果

（1）新建幻灯片并设置版式为"空白"，"空白"版式中没有占位符。

（2）在新幻灯片中插入文本框，并在该文本框中输入文字"十三朝古都著名景点"作为标题，设置这些文字的字体及效果与第二张幻灯片的标题相同，单击"文本工具"选项卡的"段落"选项组中的"文字方向"下拉按钮，在弹出的下拉菜单中选择"竖排(从左向右)"命令，将文字放在幻灯片的最左侧。

（3）单击"插入"选项卡的"图形和图像"选项组中的"形状"下拉按钮，在弹出的下拉菜单中选择"矩形"组内的"圆角矩形"选项，在幻灯片中绘制出一个圆角矩形。右击绘制的圆角矩形，在弹出的快捷菜单中选择"设置对象格式"命令，在右侧弹出的"对象属性"窗格中设置填充为"图案填充"，图案为"横向砖型"，线条为"无线条"，如图 14-11 所示。在"效果"栏内设置阴影为"内部右上角"，颜色为"钢蓝，着色 1，深色 25%"。

（4）双击圆角矩形，在其中输入"素材"文件夹下的"第三张"文件夹中的"文本——著名景点"文档中的著名景点

图 14-11　设置形状样式

名称，设置文字的字体为"微软雅黑"，字号为"24"，颜色为"钢蓝，着色 1，阴影"。选中文字，设置项目符号为圆形项目符号，效果如图 14-12 所示。

图 14-12　设置项目符号后的效果

（5）单击"插入"选项卡的"图形和图像"选项组中的"形状"下拉按钮，在弹出的下拉菜单中选择"基本形状"组中的"六边形"选项，在幻灯片中插入一个六边形。单击"绘图工具"选项卡的"形状样式"选项组中的"填充"下拉按钮，在弹出的下拉菜单中选择"图片或纹理"子菜单中的"本地图片"命令，打开"选择纹理"对话框，在"素材"文件夹中选择"第三张"文件夹中的"老君山"图片，单击"打开"按钮，将图片插入六边形，设置六边形的轮廓为"无轮廓"，效果如图 14-13 所示。

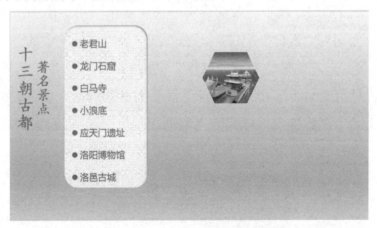

图 14-13　插入六边形并设置其填充与轮廓后的效果

（6）使用同样的方法插入其他六边形，并分别用图片进行填充，填充的图片分别为"素材"文件夹下的"第三张"文件夹中的"龙门石窟"图片、"白马寺"图片、"小浪底"图片、"应天门遗址"图片、"洛阳博物馆"图片、"洛邑古城"图片，效果如图 14-14 所示。

图 14-14　插入其他六边形并设置填充图片后的效果

（7）将第二张幻灯片底部的圆角矩形复制到第三张幻灯片的底部，此时第三张幻灯片制作完成，效果如图 14-15 所示。

图 14-15　第三张幻灯片制作完成后的效果

（8）使用相同的操作方法新建第四张幻灯片，并设置与第三张幻灯片相同的标题效果、文字效果。在第四张幻灯片中插入的形状分别为对角圆角矩形和圆角矩形，设置这两个形状的填充图片分别为"素材"文件夹下的"第三张"文件夹中的"龙门石窟 1"图片和"龙门石窟 2"图片，在右侧的"对象属性"窗格的"形状选项"选项卡中的"填充与线条"栏内，设置对角圆角矩形和圆角矩形的线条的格式均为"白色、6 磅"，在"效果"栏内设置圆角矩形的"三维旋转"样式为"离轴 2 左"。此时第四张幻灯片制作完成，效果如图 14-16 所示。

图 14-16　第四张幻灯片制作完成后的效果

4．制作组织结构图

（1）新建幻灯片并插入文本框，在该文本框中输入文字"十三朝古都老君山"作为标题，设置字体效果与第二张幻灯片相同。

（2）在幻灯片中插入一个椭圆，并设置其填充图片为"素材"文件夹下的"第四张"文件夹中的"老君山"图片，在右侧的"对象属性"窗格的"形状选项"选项卡中的"填充与线条"栏内，设置线条为"实线"，颜色为"钢蓝，着色 1，深色 25%"，效果如图 14-17 所示。

图 14-17　插入椭圆并进行设置后的效果

（3）单击"插入"选项卡的"图形和图像"选项组中的"智能图形"按钮，在弹出的"智能图形"对话框中选择"SmartArt"选项卡，选择"层次结构"组中的"水平层次结构"选项，在幻灯片中插入一个三层组织结构图，效果如图 14-18 所示。

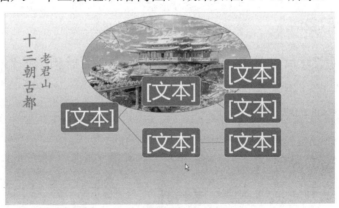

图 14-18　插入一个三层组织结构图后的效果

（4）根据需要，在第三层中要添加形状。在插入层次结构后，功能区中会多出一个"设计"选项卡和一个"格式"选项卡，选中第三层中的第一个形状，单击多出的"设计"选项卡中的"添加项目"下拉按钮，在弹出的下拉菜单中选择"在后面添加项目"命令，此时会在第三层中第一个形状的后面添加一个形状，使用同样的方法，在第三层中最后一个形状的后面添加一个形状，在各个形状中输入文字，并分别设置文字的大小，效果如图 14-19 所示。

图 14-19 添加形状并输入文字后的效果

（5）在幻灯片中插入一个文本框，在该文本框中输入关于老君山的简介文字，设置文字的字体为"华文楷体"，字号为"24"，颜色为"钢蓝，着色1，深色25%"。把第四张幻灯片底部的圆角矩形复制到第五张幻灯片的底部，此时第五张幻灯片制作完成，效果如图 14-20 所示。

图 14-20 第五张幻灯片制作完成后的效果

5. 添加并设置图表对象

（1）插入一张新幻灯片，单击"插入"选项卡的"图形和图像"选项组中的"图表"按钮，打开"图表"对话框，如图 14-21 所示。

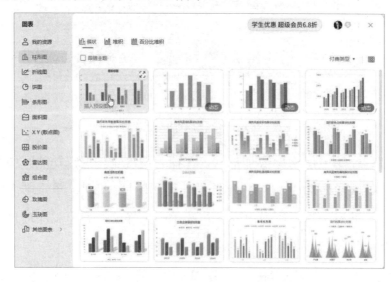

图 14-21 "图表"对话框

（2）在左侧列表中选择"柱形图"选项，在右侧选择"簇状"选项卡中的第一个类型"插入预设图表"，在幻灯片中插入一个图表，单击"图表工具"选项卡的"数据"选项组中的"编辑数据"按钮，弹出图表数据界面，在数据表中输入"素材"文件夹下的"景区客流量"文档中的数据，如图 14-22 所示，随着数据的输入，图表会自动发生变化。

图 14-22　在幻灯片中插入图表及在数据表中输入数据

（3）选中图表，单击"图表工具"选项卡的"图表样式"选项组中的图表样式列表右侧的下拉按钮，在弹出的图表样式下拉列表中选择"样式 1"选项，如图 14-23 所示。

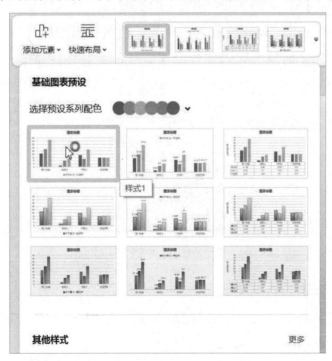

图 14-23　选择"样式 1"选项

（4）设置图表中文字的字体为"微软雅黑"，字号为"14"，修改图表标题为"假期洛阳主要景区旅游接待人数（万人）"并设置字体及字体颜色，为突出图表，设置图表的填充颜色为"矢车菊蓝，着色 1，浅色 40%"。把第五张幻灯片底部的圆角矩形复制到第六张幻灯片的底部，此时第六张幻灯片制作完成，效果如图 14-24 所示。

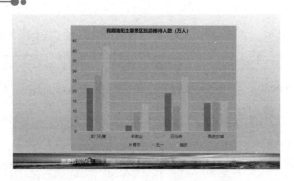

图 14-24　第六张幻灯片制作完成后的效果

6. 添加并设置表格对象

（1）插入一张新幻灯片，将"素材"文件夹下的"洛阳一日游素材"文档中的"洛阳一日游"表格复制到该幻灯片中。

（2）选中表格，选择"表格样式"选项卡的"表格样式"选项组中的表格样式列表右侧的下拉按钮，在弹出的表格样式下拉列表中选择"浅色样式 3-强调 1"选项，设置表格外的大标题的字体为"华文中宋"，字号为"40"，艺术字样式为"填充-白色，轮廓-着色1"。设置表格中文字的字体为"华文中宋"，颜色为"钢蓝，着色1"，设置第一行及第一列文字的字体格式为"16、加粗"，其余文字的字号为"14"。

（3）调整表格的行高度、列宽度及表格位置。把第六张幻灯片底部的圆角矩形复制到第七张幻灯片的底部，此时第七张幻灯片制作完成，效果如图 14-25 所示。

图 14-25　第七张幻灯片制作完成后的效果

（4）新建最后一张幻灯片，在该幻灯片中插入一个文本框，在该文本框中输入文字"洛阳欢迎您！"，设置文字的字体为"华文行楷"，字号为"80"，艺术字样式为"填充-钢蓝，着色1，阴影"，效果如图 14-26 所示。

图 14-26　第八张幻灯片制作完成后的效果

至此，所有幻灯片制作完成。

知识解析

本任务使用了在幻灯片中插入图片、形状、SmartArt 图形及图表等方法，下面将对其他相关知识做进一步说明。

通过 WPS 演示的"插入"选项卡中的按钮可以在幻灯片中插入"新建幻灯片""表格""图片""截屏""形状""图标""图表""文本框""艺术字""视频""音频""超链接"等对象，如图 14-27 所示。通过插入这些对象，可以使制作的演示文稿中的内容更加丰富，形式更加美观。

图 14-27　"插入"选项卡

1. 分页插图

如果要在每页中展示不同的照片，则可以使用"分页插图"功能，单击"插入"选项卡的"图形和图像"选项组中的"图片"下拉按钮，在弹出的下拉菜单中选择"分页插图"命令，打开"分页插入图片"对话框，选择要插入的多张图片，如图 14-28 所示，单击"打开"按钮，即可在每张幻灯片中插入一张图片。

图 14-28　"分页插入图片"对话框

2. 在幻灯片中插入页眉、页脚、日期、时间和编号

单击"插入"选项卡的"页眉页脚"选项组中的"页眉页脚"下拉按钮，在弹出的下拉菜单中选择"日期和时间"或"幻灯片编号"命令，打开"页眉和页脚"对话框，如图 14-29 所示，在该对话框中可以设置幻灯片的页眉、页脚、日期、时间和编号等。

图 14-29　"页眉和页脚"对话框

3. 在幻灯片中插入媒体

WPS 演示中能插入的媒体主要有视频、音频和屏幕录制。在幻灯片中根据需要加入视频、音频等媒体，可以增强演示文稿的功能和效果。

1）插入视频

单击"插入"选项卡的"媒体"选项组中的"视频"下拉按钮，在弹出的下拉菜单中选择"嵌入视频"命令，打开"插入视频"对话框，在该对话框中可以选择视频文件，并将其插入幻灯片。

在幻灯片中插入视频后，功能区中会多出一个"视频工具"选项卡，如图 14-30 所示，通过该选项卡中的按钮不仅可以播放视频、裁剪视频等，还可以设置视频的音量及播放方式等。

图 14-30　"视频工具"选项卡

2）插入音频

单击"插入"选项卡的"媒体"选项组中的"音频"下拉按钮，在弹出的下拉菜单中选择"嵌入音频"命令，打开"插入音频"对话框，如图 14-31 所示，在该对话框中可以选择音频文件，并将其插入幻灯片。

图 14-31　"插入音频"对话框

在幻灯片中插入音频后，功能区中会多出一个"音频工具"选项卡，如图 14-32 所示，该选项卡与插入视频后出现的"视频工具"选项卡类似，通过该选项卡中的按钮不仅可以预览音频、编辑音频等，还可以设置音频的音量及播放方式等。

图 14-32　"音频工具"选项卡

3）插入屏幕录制

在 WPS 演示中，可以将屏幕操作录制成视频插入幻灯片。单击"插入"选项卡的"媒体"选项组中的"视频"下拉按钮，在弹出的下拉菜单中选择"屏幕录制"命令，打开录制屏幕工具条，如图 14-33 所示。

图 14-33　录制屏幕工具条

单击录制屏幕工具条右上角的"设置"按钮，在弹出的"设置"对话框中可以设置视频文件的输出目录，如图 14-34 所示。

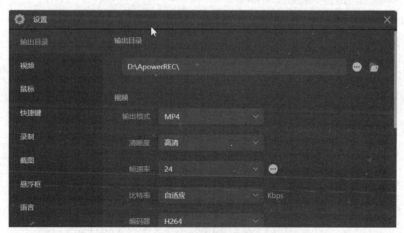

图 14-34　"设置"对话框

在录制屏幕工具条中单击"区域"下拉按钮，在弹出的下拉菜单中选择"选择区域"命令，鼠标指针会变成十字形，可以圈选出要录制的屏幕区域，然后单击"开始录制"按钮，屏幕弹出倒计时对话框，倒计时结束即开始录制屏幕操作，如图 14-35 所示。

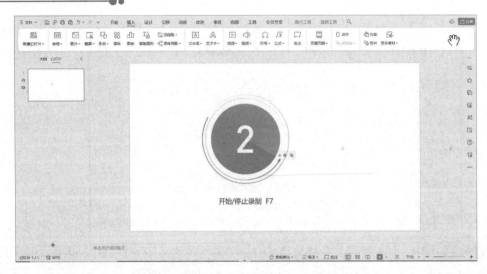

图 14-35　录制屏幕倒计时对话框

在默认情况下，为了保持屏幕干净，开始录制屏幕操作后，录制屏幕工具条会隐藏。为了便于操作，需要用到快捷键进行操作，快捷键如下。

- 自定义录制：F6 键。

- 开始/停止录制：F7 键。

- 暂停/恢复录制：F8 键。

- 显示/隐藏涂鸦面板：F9 键。

- 开启/关闭缩放：F10 键。

- 锁定/解锁缩放区域：F11 键。

- 截图：Ctrl+Q 组合键。

- 打开/关闭聚光灯：F4 键。

- 打开/关闭摄像头：F3 键。

录制结束后，视频画面会自动弹出，如图 14-36 所示，此时视频文件已保存在前面在"设置"对话框中设置的输出目录内，然后按照前面介绍的插入视频的方法，即可将录制的视频插入幻灯片。

图 14-36　录制的屏幕视频

4．插入超链接

在 WPS 演示中，超链接与网页中的超链接类似，既可以创建链接到不同演示文稿中的幻灯片的超链接，也可以创建链接到相同演示文稿中的其他幻灯片的超链接，还可以创建链接到电子邮件地址、网站页面或新文件的超链接。

（1）创建链接到不同演示文稿中的幻灯片的超链接。

① 选中要创建超链接的文本或对象，单击"插入"选项卡的"链接"选项组中的"超链接"下拉按钮，在弹出的下拉菜单中选择"文件或网页"命令，打开"插入超链接"对话框，在该对话框的"链接到"列表中选择"原有文件或网页"选项，如图 14-37 所示。

图 14-37　"插入超链接"对话框

② 找到要链接到的演示文稿，然后单击"浏览文件"按钮，打开"打开文件"对话框，如图 14-38 所示，在该对话框中选择要链接到的幻灯片的标题，单击"打开"按钮，回到"插入超链接"对话框后单击"确定"按钮即可。在播放幻灯片时，单击创建超链接的文本或对象，可以直接打开另一个演示文稿中的幻灯片。

图 14-38　"打开文件"对话框

按照上述方法，还可以创建链接到电子邮件地址、网站页面或新文件的超链接。注意，创建超链接的文本或对象会加下画线显示。

（2）创建链接到相同演示文稿中的其他幻灯片的超链接。

① 选中要创建超链接的文本或对象，单击"插入"选项卡的"链接"选项组中的"超链接"下拉按钮，在弹出的下拉菜单中选择"文件或网页"命令，打开"插入超链接"对话框，在该对话框的"链接到"列表中选择"本文档中的位置"选项。

② 在"请选择文档中的位置"列表中选择要链接到的幻灯片，如图 14-39 所示，然后单击"确定"按钮。

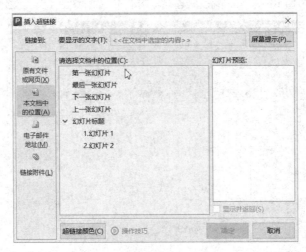

图 14-39　选择要链接到的幻灯片

提示：如果在文本和某张幻灯片中间创建了超链接，则文本就出现下画线，在放映幻灯片时，当鼠标指针指向文本时，就会变成小手形状，单击就可以打开所链接的那张幻灯片。

（3）删除超链接。

如果要删除超链接，则选中创建超链接的文本或对象并右击，在弹出的快捷菜单中选择"超链接"子菜单中的"取消超链接"命令即可。

5．插入动作

在 WPS 演示中，插入动作实际上是为所选的对象添加一个操作，以指定单击该对象或鼠标指针在该对象上悬停时应执行的操作。具体操作方法如下：

（1）选择要插入动作的文本或对象。

（2）单击"插入"选项卡的"链接"选项组中的"动作"按钮，打开"动作设置"对话框，如图 14-40 所示。该对话框中有两个选项卡，"鼠标单击"选项卡用于设置单击鼠标时要做的动作，"鼠标移过"选项卡用于设置鼠标指针移过对象时要做的动作。

图 14-40　"动作设置"对话框

举一反三　制作无锡城市介绍演示文稿

江南水乡美如画，无锡城市独自佳。无锡，简称"锡"，古有"梁溪""金匮"等称，是江苏省辖地级市，位于长江三角洲江湖间走廊部分，江苏省南部，东邻苏州市；南濒太湖，与浙江省交界；西接常州市。

要求根据本章内容，合理利用图片、图表、SmartArt 图形、视频、音频等对象，介绍无锡的城市概况、历史发展、著名景点、风土人情等。

为了便于制作，建议先列出制作提纲，然后通过网络收集相关素材，通过小组分工协作共同完成，完成后以小组为单位进行展示，互相评价制作效果。

一、填空题

1．在演示文稿中要添加一张新的幻灯片，应该单击_____选项卡的"幻灯片"选项组中的_____按钮。

2．在 WPS 演示中，超链接可以链接到_____、_____、_____。

二、判断题

1．WPS 演示中设置了主题的幻灯片的背景是不可以取消的。　　　　　　　（　　）

2．在 WPS 演示中，要取消已创建的超链接，可以在选中创建了超链接的文本或对象后右击，在弹出的快捷菜单中选择"超链接"子菜单中的"取消超链接"命令。（　　）

3．在 WPS 演示中可以直接插入屏幕录像。　　　　　　　　　　　　　　（　　）

三、思考题

在 WPS 演示中插入表格对象是如何操作的？

第 **15** 章

WPS 演示文稿中动画效果的设置
——制作"典著探秘"演示文稿

本章重点掌握知识

1. 选择设计主题。
2. 自定义动画效果。
3. 设置幻灯片的切换方式。
4. 设置幻灯片的放映方式。

任务描述

当祖先的话语来回响，谜底藏着历史的长廊。典著通常蕴含着丰富的人类智慧和思想精华，许多典著承载着特定时期的文化与历史，学生通过学习这些作品可以更好地了解特定文化和历史时期的社会背景、价值观和思想。

为了激发学生的学习兴趣，历史老师打算制作一个演示文稿，该演示文稿要体现历史氛围、轻松活泼，构成幻灯片的元素都能够动起来，比如文字以不同的方式出现，并伴有不同的声音，特别是答案应在单击鼠标后才出现，幻灯片切换时伴随有效果。要求将该演示文稿保存到 D 盘的"工作目录"文件夹中，并设置文件名为"典著探秘"。

"典著探秘"演示文稿的参考样张如图 15-1 所示。

图 15-1　"典著探秘"演示文稿的参考样张

操作步骤

1. 选择符合氛围的设计主题

（1）新建一张幻灯片，单击"设计"选项卡的"智能美化"选项组中的"全文美化"下拉按钮，在弹出的下拉菜单中选择"全文换肤"命令，在打开的"全文美化"对话框的搜索框内输入"红色中国风国潮来袭"后按 Enter 键，在搜索结果中选择"红色中国风国潮来袭"选项，如图 15-2 所示，单击出现的"应用美化"按钮。

（2）在"国潮来袭"文本框中输入文字"典著探秘"，在"开始"选项卡中设置字体为"汉仪尚魏手书 W"，字号为"104"，在"文本工具"选项卡中设置艺术字样式为"褐色，着色 1"。

（3）在"单击此处添加文本具体内容"文本框中输入文字"猜一猜你知多少"，在"开始"选项卡中设置字体为"隶属"，字号为"30"，在"文本工具"选项卡中设置艺术字样式为"填充-黑色，文本 1，阴影"。

（4）同时选中两个文本框，在"动画"选项卡的"动画"选项组中的动画效果列表内选择"百叶窗"选项，在"开始"下拉列表中选择"与上一动画同时"选项，在"持续"数值框中输入"01.00"，如图 15-3 所示。

图 15-2　选择"红色中国风国潮来袭"选项

图 15-3　设置文本的动画效果

设置完成以后，单击"动画"选项卡的"预览"选项组中的"预览效果"下拉按钮，在弹出的下拉菜单中选择"预览效果"命令，可以查看当前幻灯片的设置效果。

2. 设置自定义动画效果

（1）单击"开始"选项卡的"幻灯片"选项组中的"新建幻灯片"下拉按钮，在弹出的下拉菜单中选择"版式"选项卡中的"通用"版式，在第一张幻灯片之后添加一张新幻灯片。单击"插入"选项卡的"图形和图像"选项组中的"形状"下拉按钮，在弹出的下拉列表中选择"箭头总汇"组中的"右箭头"选项，在幻灯片中插入一个右箭头。单击"绘图工具"选项卡的"形状样式"选项组中的"填充"和"轮廓"下拉按钮，在弹出的下拉菜单中均选择"褐色，着色 1"。在插入的右箭头中输入文字"经典名著"，在"文本工具"选项卡中设置文字的字体为"华文行楷"，字号为"36"，艺术字样式为"填充-白色，轮廓-着色 1"，效果如图 15-4 所示。

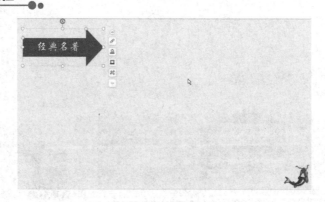

图 15-4　在幻灯片中插入形状并进行设置后的效果

（2）单击"插入"选项卡的"图形和图像"选项组中的"形状"下拉按钮，在弹出的下拉菜单中选择"矩形"组中的"圆角矩形"选项，在幻灯片中插入一个圆角矩形。单击"绘图工具"选项卡的"形状样式"选项组中的"填充"下拉按钮，在弹出的下拉菜单中选择"图片或纹理"子菜单中的"本地图片"命令，在弹出的"选择纹理"对话框中选择"素材"文件夹中的"三国演义"图片，单击"打开"按钮，即可将该图片插入幻灯片，如图 15-5 所示。

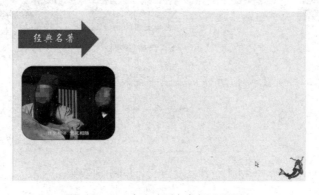

图 15-5　在幻灯片中插入图片

（3）在幻灯片中插入文本框，按图 15-1 所示的参考样张输入谜面文字和谜底文字。选中谜面文字，设置文字的字体为"华文中宋"，字号为"28"，艺术字样式为"填充-黑色，文本 1，阴影"，段落首行缩进 2 字符。选中谜底文字，设置文字的字体为"华文行楷"，字号为"40"，艺术字样式为"褐色，着色 1"，此时文本效果设置完成。效果如图 15-6 所示。

图 15-6　在幻灯片中输入文字并进行设置后的效果

（4）选中右箭头，在"动画"选项卡的"动画"选项组中的动画效果列表内选择"百叶窗"选项，在"开始"下拉列表中选择"单击时"选项，在"持续"数值框中输入"00.50"，如图 15-7 所示。

图 15-7　设置动画效果

（5）选中谜面文字，单击"动画"选项卡的"动画"选项组中的动画效果列表右侧的下拉按钮，在弹出的下拉列表中选择"进入"组的"基本型"中的"劈裂"选项，如图 15-8 所示。在"开始"下拉列表中选择"与上一动画同时"选项，在"持续"数值框中输入"01.00"，如图 15-9 所示。

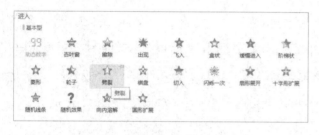

图 15-8　选择"劈裂"选项

图 15-9　设置动画参数

（6）为了强调谜底效果，可以添加声音。同时选中谜底文字与图片，在"动画"选项卡中设置其动画效果为"切入"。单击"动画"选项卡的"动画工具"选项组中的"动画窗格"按钮，打开"动画窗格"窗格，如图 15-10 所示。

（7）单击"动画窗格"窗格中动画列表内最后一个动画右侧的下拉按钮，在弹出的下拉菜单中选择"效果选项"命令，打开所选动画效果的对话框，这里打开的是"切入"对话框，如图 15-11 所示，选择"效果"选项卡，在"增强"选区内的"声音"下拉列表中选择"风铃"选项，单击"确定"按钮，这样在播放动画时就会播放声音。至此，所有对象的动画效果均设置完成。

图 15-10　"动画窗格"窗格

图 15-11　"切入"对话框

（8）在对象动画设置过程中，每设置一种动画，均会自动演示该对象的动画效果。在打开"动画窗格"窗格时，在幻灯片中各个对象的左上角均会显示一个数字，代表动画的播放顺序，如图15-12所示。

图 15-12　显示动画的播放顺序

（9）新建第三张幻灯片，设置该幻灯片中标题文字、谜面文字、谜底文字的设置效果与第二张幻灯片相同。不同点是不再添加图片，而是插入"素材"文件夹中的"孙悟空"视频文件，在"视频工具"选项卡的"视频选项"选项组中勾选"全屏播放"和"未播放时隐藏"复选框，在"开始"下拉列表中选择"自动"选项，效果如图15-13所示。

图 15-13　插入视频并进行设置后的效果

（10）设置视频的动画效果。选中视频，在"动画"选项卡中设置其动画效果为"切入"，在"开始"下拉列表中选择"单击时"选项，单击"动画工具"选项组中的"动画窗格"按钮，打开"动画窗格"窗格，在该窗格的动画列表中，将"孙悟空"视频的动画拖动到谜底文字"谜底：西游记"的动画之前，如图15-14所示。

（11）根据图15-1所示的参考样张分别设置第四张至第六张幻灯片中图片对象和文字对象的样式效果，根据第三张幻灯片的动画效果，分别制作第四张至第六张幻灯片中的动画效果，也可以自己选择不同的动画效果，操作基本相同。

图 15-14　调整动画的顺序

3. 设置幻灯片的切换效果

（1）打开已制作好的演示文稿，选中第一张幻灯片，选择"切换"选项卡的"切换"选项组中切换效果列表中的"形状"选项，勾选"换片方式"选项组中的"单击鼠标时换片"复选框，如图 15-15 所示。

图 15-15　"切换"选项卡

（2）单击"声音"下拉按钮，在弹出的下拉列表中选择"激光"选项作为切换幻灯片时的声音，如图 15-16 所示。

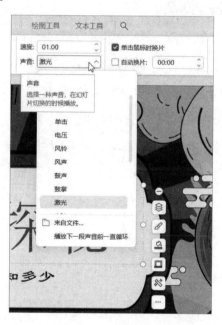

图 15-16　在"声音"下拉列表中选择"激光"选项

（3）选中第二张幻灯片，选择"切换"选项卡的"切换"选项组中切换效果列表中的"百叶窗"选项，勾选"换片方式"选项组中的"单击鼠标时换片"复选框。

（4）使用同样的方法为第三张至第六张幻灯片设置不同的切换效果。

如果单击"切换"选项卡的"应用范围"选项组中的"应用到全部"按钮，则可以将幻灯片的切换效果应用到所有的幻灯片中，否则仅对当前幻灯片有效。

至此，"典著探秘"演示文稿制作完成。单击 WPS 演示的工作界面右下角的"从当前幻灯片开始播放"按钮 ▶，即可播放该演示文稿。

知识解析

在 WPS 演示中设置动画效果和幻灯片切换效果是通过"动画"选项卡进行的。在"动画"选项卡中，"动画刷"按钮用于复制所选对象的动画，将其应用到其他对象上；"预览效果"下拉按钮用于预览当前幻灯片的动画效果和切换效果；动画效果列表用于设置对象的动画效果；"动画属性"下拉按钮用于修改当前动画的效果属性；"文本属性"下拉按钮用于修改文本动画的播放方式；"开始"下拉列表用于设置动画的播放条件，"持续"和"延迟"数值框用于设置动画的播放时间；单击"动画窗格"按钮，在打开的"动画窗格"窗格中可以设置动画的播放顺序等。

1. 设置对象的动画效果

选择幻灯片中的一个对象（如文字、形状、SmartArt 图形或图表等），在"动画"选项卡中可以设置该对象的动画效果。

（1）用预置的动画效果设置动画。

在选择幻灯片中的一个对象后，选择"动画"选项卡的"动画"选项组中的动画效果列表内预置的动画效果进行设置，不同的对象预置的动画效果是不同的。

动画效果列表中有 5 组动画效果，其中有 4 组动画效果为常用效果，单击每组右侧的"更多选项"下拉按钮，在弹出的下拉列表中可以选择对应的动画效果。

① 进入：设置更多的对象进入动画效果，如图 15-17 所示。

图 15-17　进入动画效果

② 强调：设置更多的对象强调动画效果，如图 15-18 所示。

③ 退出：设置更多的对象退出动画效果，如图 15-19 所示。

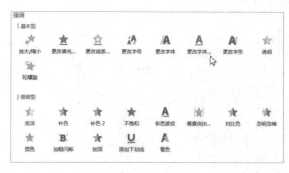

图 15-18　强调动画效果

图 15-19　退出动画效果

④ 动作路径：设置对象进入或退出幻灯片的路径，除可以选择规定好的路径以外，还可以自定义路径，使对象的进入和退出更加个性化，如图 15-20 所示。

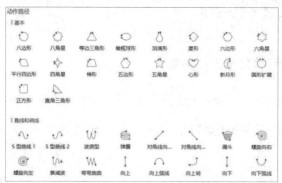
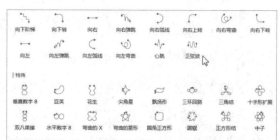

图 15-20　动作路径

（2）对动画效果进行更详细的设置。

在选择幻灯片中的一个对象后，单击"动画"选项卡的"动画工具"选项组中的"动画窗格"按钮，打开"动画窗格"窗格，如图 15-21 所示，单击该窗格的动画列表中的任意一个动画右侧的下拉按钮，在弹出的下拉菜单中选择"效果选项"命令，打开所选动画效果的对话框，该对话框通常包含多个选项卡，在各个选项卡中可以对动画效果进行更详细的设置。例如，图 15-22 所示为"百叶窗"对话框，在"效果"选项卡中可以设置"声音"效果、"动画播放后"对象的效果、"动画文本"效果等。不同的对象，不同的动画效果，通过"效果选项"命令所打开的对话框也不同。

图 15-21　"动画窗格"窗格　　　　　　　　图 15-22　"百叶窗"对话框

2. 设置幻灯片的切换效果

单击"切换"选项卡的"切换"选项组中切换效果列表右侧的下拉按钮，打开幻灯片切换效果下拉列表，如图 15-23 所示，在该下拉列表中选择一个选项，即可将该切换效果添加到幻灯片上。

图 15-23　幻灯片切换效果下拉列表

如果希望在切换幻灯片时配合有声音，则可以单击"切换"选项卡的"速度和声音"选项组中的"声音"下拉按钮，在弹出的下拉列表中选择所需的声音，在"速度"数值框中可以设置切换幻灯片的速度。

在"切换"选项卡的"换片方式"选项组中，如果勾选"单击鼠标时换片"复选框，则只有在单击鼠标时才切换到下一张幻灯片；如果勾选"自动换片"复选框，并在该复选框右侧的数值框中输入一个时间数值，则经过特定时间后会自动切换到下一张幻灯片。

3. 设置幻灯片的放映方式

按 F5 键即可从第一张幻灯片开始播放演示文稿。但如果对放映有更高的要求，则要通过"放映"选项卡进行设置。WPS 演示中的"放映"选项卡如图 15-24 所示。

图 15-24　WPS 演示中的"放映"选项卡

"放映"选项卡包含 4 个选项组，从左到右依次是 "开始放映" "放映设置" "多显示器" "放映工具"。

（1）"开始放映"选项组中包含 3 个按钮。

① 从头开始：单击该按钮，从第一张幻灯片开始放映演示文稿。

② 当页开始：单击该按钮，从当前幻灯片开始放映演示文稿，其作用与单击 "从当前幻灯片开始播放" 按钮 ▶ 的作用相同。

③ 演讲者视图：单击该按钮，可以进入演讲者视图，该视图包含 3 个窗口：主屏幕、演讲者屏幕和备注屏幕，使演讲者在放映演示文稿时可以更加方便、自如地控制演示文稿。

（2）"放映设置"选项组中包含 5 个按钮。

① 放映设置：单击该下拉按钮，弹出的下拉菜单中包含 "手动放映" "自动放映" "放映设置" 命令，选择 "放映设置" 命令，会打开 "设置放映方式" 对话框，如图 15-25 所示，在该对话框中可以对幻灯片的放映进行高级设置，如可以进行循环放映等设置。

图 15-25　"设置放映方式" 对话框

② 自定义放映：单击该按钮，会打开 "自定义放映" 对话框，如图 15-26 所示，单击该对话框中的 "新建" 按钮，会打开 "定义自定义放映" 对话框，如图 15-27 所示。

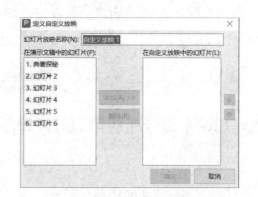

图 15-26　"自定义放映" 对话框　　　图 15-27　"定义自定义放映" 对话框

在图 15-27 所示的 "定义自定义放映" 对话框中，可以将当前演示文稿中的幻灯片挑选一部分进行放映，而不必全部放映。单击右侧的上下箭头按钮可以调整幻灯片的播放顺序。

③ 隐藏幻灯片：单击该按钮，可以隐藏当前幻灯片，在全屏放映时不显示该幻灯片。

④ 排练计时：单击该下拉按钮，在弹出的下拉菜单中选择"排练全部"或"排练当前页"命令，即可开始放映幻灯片，记录每张幻灯片所使用的时间，保存用于自动放映。

⑤ 演讲备注：单击该下拉按钮，在弹出的下拉菜单中选择"演讲备注"命令，在弹出的"演讲者备注"对话框的文本框中输入内容，可以为当前幻灯片添加备注或提要，这些内容通常用于演讲者在演讲时参考。

（3）"多显示器"选项组中包含两项。

① 放映到：当存在多个显示器时，可以在"放映到"下拉列表中选择放映到相应的显示器。

②显示演讲者视图：勾选该复选框后，在放映幻灯片时会将演讲者视图显示出来。

（4）"放映工具"选项组中包含 3 个按钮。

① 手机遥控：单击该按钮，在放映演示文稿时，可以用手机遥控翻页。

② 会议：单击该按钮，通过接入码可以快速邀请多人加入会议，同步观看演示文稿的放映。

③ 屏幕录制：该按钮的作用与"插入"选项卡的"媒体"选项组中的"视频"下拉菜单内的"屏幕录制"命令的作用一致。

举一反三　制作"地名知识竞赛"演示文稿

地理老师为了增加课堂趣味，激发学生的学习兴趣，通过使用幻灯片制作"地名知识竞赛"演示文稿，题目尽量多种多样。

要求该演示文稿至少由 6 张幻灯片组成：1 张封面幻灯片、5 张正文幻灯片，可根据需要适当增加幻灯片的数量。要求先出现题目，抢答结束后再出现答案与解释，为了增加播放效果和现场气氛，可为幻灯片之间添加切换效果和声音。

拓展知识及训练

【拓展知识】设计和应用幻灯片母版

在 WPS 演示中，每个演示文稿中都包含 3 个母版：幻灯片母版、讲义母版、备注母版。幻灯片母版包含对文本和对象在幻灯片中的放置位置、占位符的大小、文本样式、背景、颜色主题、效果和动画的设置；讲义母版包含对页眉和页脚占位符的位置、大小和格式的设置；备注母版包含对备注格式的设置。

提示：占位符是一种带有虚线边缘的框，绝大部分幻灯片版式中都有这种框。在这些框内可以放置标题、正文，以及图表、表格和图片等对象。

设计幻灯片母版的方法如下所述。

（1）单击"视图"选项卡的"母版视图"选项组中的"幻灯片母板"按钮，如图 15-28 所示。

图 15-28　"视图"选项卡

（2）此时进入幻灯片母版的编辑状态，演示文稿中的每张幻灯片内都要出现的对象或需要的相同效果都可以直接放到幻灯片母版中。可在幻灯片母版中插入背景图片、设计对象和效果等。例如，图 15-29 所示为在幻灯片母版中进行了背景设计、字体格式定义、动画效果设置等操作。

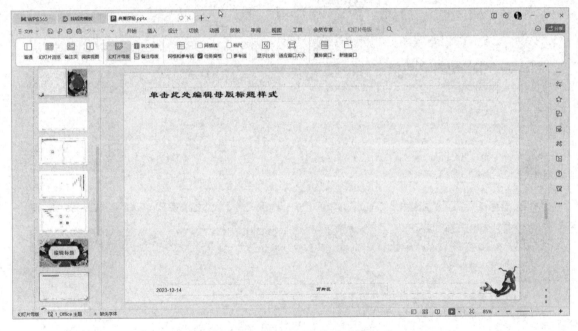

图 15-29　幻灯片母版的编辑状态

（3）在完成对幻灯片母版的编辑后，单击"幻灯片母版"选项卡的"关闭"选项组中的"关闭"按钮，即可退出幻灯片母版的编辑状态，返回幻灯片的编辑状态。此时再添加新的幻灯片，幻灯片中的对象、格式、效果等都与幻灯片母版相同。

比如，每张幻灯片中都需要出现公司的标志，而且每张幻灯片的背景相同、标题的格式相同等，都可以直接在幻灯片母版中设置好，当制作幻灯片时，就不需要重复制作了。

【拓展训练】创建"保护环境 关爱地球"演示文稿

地球是我们人类共同的家园，爱护地球，保护环境，人人有责。请以"保护环境，关爱地球"为主题创建包括 1 张封面幻灯片和至少 5 张正文幻灯片的演示文稿。

在制作演示文稿时，可先设计一个幻灯片母版，在幻灯片母版中插入图片、形状等信息，并设置合适的动画，这样就可以使每张幻灯片都具有相同的背景和动画效果。为了便于浏览，"目录"幻灯片和后面的幻灯片之间应有超链接，当单击某个主题时，可转向相应的幻灯片显示；在每个主题演讲完后，应能返回"目录"幻灯片，设置适当的切换效果和声音。

"保护环境 关爱地球"演示文稿的参考样张如图 15-30 所示。

图 15-30 "保护环境 关爱地球"演示文稿的参考样张

一、选择题

1．要关闭演示文稿，但不想退出 WPS 演示，可以使用（　　　）。

　　A．WPS 演示的"文件"菜单中的"退出"命令

　　B．WPS 演示的"文件"菜单中的"关闭"命令

　　C．WPS 演示的标题栏右端的"关闭"按钮

　　D．WPS 演示的标题栏左端的控制菜单按钮

2．在 WPS 演示中，通过"背景"下拉菜单可以对演示文稿进行背景和颜色的设置，打开"背景"下拉菜单的正确方法是（　　　）。

　　A．单击"视图"选项卡中的"背景"下拉按钮

　　B．单击"插入"选项卡中的"背景"下拉按钮

　　C．单击"设计"选项卡中的"背景"下拉按钮

　　D．单击"动画"选项卡中的"背景"下拉按钮

3．以下关于应用设计模板的叙述正确的是（　　　）。

　　A．一个演示文稿可以同时使用多个模板

　　B．从其他演示文稿插入的幻灯片将继续保留原有的模板样式

　　C．一个演示文稿只能使用一个模板

　　D．演示文稿中的各张幻灯片只能填充相同的背景图案

4．在 WPS 演示中，放映幻灯片的快捷键是（　　　）。

　　A．F2　　　　　　　　　　　　B．Alt+F5

　　C．F5　　　　　　　　　　　　D．F4

5．在 WPS 演示中，可以同时浏览多张幻灯片，便于选择、添加、删除、移动幻灯片的操作是在（　　　）中。

　　A．普通视图　　　　　　　　　B．幻灯片浏览视图

　　C．阅读视图　　　　　　　　　D．放映视图

6．在 WPS 演示中，如果希望在演示过程中终止幻灯片的放映，则可按（　　　）键。

　　A．Enter　　　　　B．F5　　　　　C．Esc　　　　　D．F1

7．在 WPS 演示中，下列说法正确的是（　　　）。

　　A．不能在幻灯片中插入图片

　　B．不能在幻灯片中插入音频和视频

    C. 不能在幻灯片中插入艺术字

    D. 以上都不对

8. 在 WPS 演示中，下列说法错误的是（　　）。

    A. 可以设置文本和图片的动画效果

    B. 可以更改对象动画效果出现的顺序

    C. 图表不能设置动画效果

    D. 每页都能设置页面切换效果

9. 在 WPS 演示中，单击"放映"选项卡的"放映设置"选项组中的"隐藏幻灯片"按钮后，被隐藏的幻灯片将（　　）。

    A. 从演示文稿中删除

    B. 在幻灯片放映时不放映，但仍在文件中

    C. 在幻灯片放映时仍被放映

    D. 在普通视图的编辑状态下被隐藏

10. 在 WPS 演示中，幻灯片中占位符的作用是（　　）。

    A. 表示文本的长度

    B. 限制插入对象的数量

    C. 限制图片的大小

    D. 为文本和图片预留位置

二、判断题

1. 在 WPS 演示的幻灯片浏览视图下，如果要选择不连续的多张幻灯片，则应同时按住 Shift 键。　　　　　　　　　　　　　　　　　　　　　　　　　　　　　（　　）

2. 在演示文稿中，给幻灯片重新设置背景，如果要给所有幻灯片使用相同背景，则单击"设计"选项卡的"背景版式"选项组中的"背景"下拉按钮，在弹出的下拉菜单中选择"背景填充"命令，在右侧弹出的"对象属性"窗格中单击"全部应用"按钮。

                                                        （　　）

3. 在 WPS 演示中，如果要设置幻灯片放映时的切换效果为"擦除"，则可以在"切换"选项卡的"切换"选项组中的切换效果列表内选择"擦除"选项。　　　　（　　）

4. 在放映幻灯片时，如果要对幻灯片的放映具有完整的控制权，则可以使用演讲者放映功能。　　　　　　　　　　　　　　　　　　　　　　　　　　　　　　　　（　　）

5. 利用 WPS 演示可以把演示文稿存储成图片格式。　　　　　　　　　　（　　）

6. 在 WPS 演示中，如果希望在文字预留区外的区域中输入其他文字，则可以插入文本框。　　　　　　　　　　　　　　　　　　　　　　　　　　　　　　　　　（　　）

7. 如果要在每张幻灯片中显示相同的对象，则可以在幻灯片母版中插入该对象，如文字、图片等内容，这样在制作幻灯片时，对象会自动显示在每张幻灯片中。　　（　　　）

8. 在 WPS 演示中，当按钮为灰色时表示该按钮在当前状态下不可用。　　（　　　）

9. 在 WPS 演示中，插入的形状中不能添加文字。　　（　　　）

10. 在 WPS 演示中，当打印幻灯片时，可以设置一页打印多张幻灯片。　　（　　　）

三、操作题

1. 制作一个介绍北京奥运会的演示文稿，自主收集素材，要求该演示文稿由 8 张以上的幻灯片组成，图文并茂，有动画及切换效果。

2. 制作一个介绍中国传统文化节日的演示文稿，可从中国传统节日中任选一个。要求主题与节日相符，有相关图片及文字介绍，有声音和视频，动画和切换效果自然，整体效果好。

总结与思考

WPS 演示是专门制作演示文稿的软件。使用它能够制作出集文字、图形、图片、音频、视频等多媒体元素于一体的图文并茂、色彩丰富、生动形象且具有极强表现力和感染力的演示文稿。本篇主要介绍了 WPS 演示的基本功能和应用。在学习完本篇的内容后，读者应满足以下要求：

- 了解 WPS 演示的基本功能，理解演示文稿的基本概念。
- 掌握创建、打开、保存、放映演示文稿的基本操作方法。
- 能通过设置幻灯片的版式、背景、配色等来修饰演示文稿。
- 掌握通过插入与编辑艺术字、形状等内置对象来对演示文稿进行修改的方法。
- 能在幻灯片中插入多媒体素材，包括图片、音频、视频等，能在幻灯片中建立表格、图表，能插入动作及超链接，以增强演示文稿的感染力。
- 能使用自定义动画功能，以及设置幻灯片以不同的效果、切换方式放映，使演示文稿更生动活泼。

想要深入学习演示文稿设计的读者可以在掌握上述知识的基础上，通过本书的"拓展知识及训练"部分中的内容、系统自带的帮助等学习更多的技巧和方法。

通过对本篇内容的学习，读者还可以试着制作如新年贺卡、教学课件等演示文稿，在制作过程中可以把各种动画效果加以组合，形成新的特效，从而制作出千变万化、美丽多彩的演示文稿。

第 16 章

综合实训3——制作"美丽中国"演示文稿

任务描述

　　近年来，中国取得了引人瞩目的发展成就，已经成为全球关注焦点之一。为了更生动、直观地了解美丽中国，现需制作"美丽中国"演示文稿，该演示文稿包括自然奇观、历史人文、多彩民俗、环境保护、旅游胜地、展望未来等内容，要求该演示文稿包含不少于 10 张幻灯片，图文并茂、版面合理，动画效果和幻灯片切换要协调。在该练习的基础上可以扩充内容，如既可以包含背景音乐、相关视频和音频等内容，也可以制作各张幻灯片之间的导航，以便相互跳转等。"美丽中国"演示文稿的参考样张如图 16-1 所示。

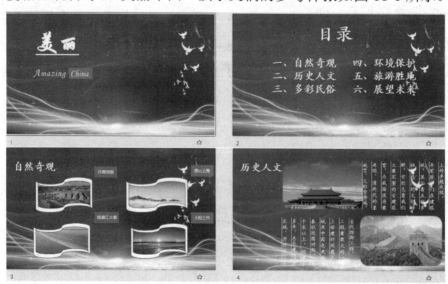

图 16-1　"美丽中国"演示文稿的参考样张

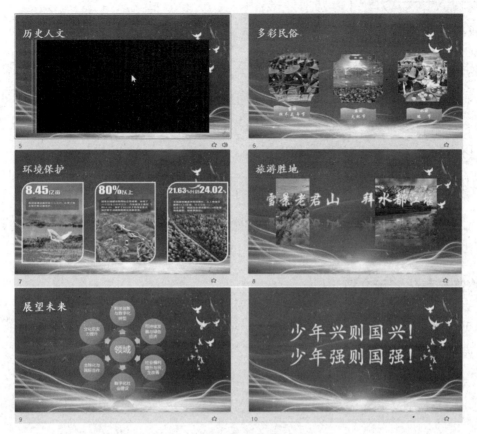

图 16-1 "美丽中国"演示文稿的参考样张（续）

操作提示

首先要设计好演示文稿的制作方案，在该方案中要明确以下内容。

1. 选择演示文稿的主题模板

根据演示文稿的内容选择相关的主题模板或自制模板。可以选择的主题有很多，在本实训中，读者可以自己制作模板，或者将其他的模板进行修改后作为自己需要的模板。

2. 确定演示文稿的总体结构

在选择主题模板之后，要围绕主题模板确定演示文稿的总体结构。明确整个演示文稿大概需要介绍哪些方面的内容、分成几个部分、主目录内容和各小标题内容等分别是什么、用什么样的媒体形式展示演示的内容、各内容之间如何进行衔接等问题。"美丽中国"演示文稿只简单介绍自然奇观、历史人文、多彩民俗、环境保护、旅游胜地、展望未来等内容，模拟制作 10 张幻灯片，包括 1 张"标题"幻灯片、1 张"目录"幻灯片（该幻灯片中有 6 个小标题）、7 张正文幻灯片（每张幻灯片中均有小标题）、1 张结束幻灯片，在该练习的基础上可以进行内容扩充。

3. 收集与整理素材

在确定好演示文稿的总体结构和内容后，利用各种方式收集与整理有关的文字、图片、音频、视频等素材资料。"美丽中国"演示文稿练习需要收集文字资料及图片资料，并对一些图片资料进行处理，在收集资料时要注意版权问题。在此基础上可以添加音频、视频等素材资料，丰富演示文稿的表现手段。

4. 制作演示文稿

该阶段主要完成创建演示文稿，添加各种对象，设置格式、自定义动画、创建超链接、设置幻灯片的切换方式，对排练进行计时、设置播放方式等具体工作。

5. 修饰与美化演示文稿

在演示文稿制作完成后，进行排练播放，根据需要对各张幻灯片进行细节修饰与美化，最终完成演示文稿的制作。